つまずきを
なくす 小6〔改訂版〕
算数 計算
【 分数・比・比例と反比例 】

西村則康

実務教育出版

はじめに

　ご好評をいただいている本書「つまずきをなくす　算数」シリーズを、学習指導要領の改変に合わせて改訂しました。

　もともと、この問題集は、次の2点を重視してつくりました。

❶ 中学数学の初期に起こしやすいつまずきを未然に防ぐこと
❷ 多種多様な計算において、ミスを起こさない手順を確実に学んでもらうこと

　改訂に際しても、この方針は変わっていません。

　学習指導要領の改変によって、小学6年生の算数は、より中学数学への橋渡しを意識したものになりました。「算数から数学へスムーズに移行するためには、小学6年生の段階でこれだけはできるようになっておく必要がある」という学校現場からの切実な声が反映されたからだと推測しています。

　中学1年生の数学において、子どもたちがつまずく項目は、ほぼ下記の4つに集約されます。

❶ 分数の正負計算（中1の一学期中間テスト範囲）
❷ 分数を使う文字式計算や方程式計算（中1の一学期期末テスト範囲）
❸ 方程式を使う文章題での売買損益・濃度・速さ（中1の二学期中間テスト範囲）
❹ 比例と反比例（中1の三学期学年末テスト範囲）

　これらのつまずきの原因は、すべて小学6年生時点での学習にあります。

　分数を使う文字式計算や方程式計算が苦手な生徒は、例外なく通分（小学5年生範囲）や分数のかけ算やわり算（小学6年生範囲）が苦手です。

　また、方程式の文章題において、「売買損益・濃度・速さ」を苦手にする生徒は、小学6年生範囲の「比」の理解が不足していたり、分数の扱いが苦手だという特徴があります。

　そして、比例と反比例が苦手になるのは、小学6年生範囲の「文字と式」の理解不足が原因です。

　小学6年生で学習する計算は、分数・比・比例と反比例の式という、理解と練習が必要な単元です。理解するだけでは実際の問題が解けませんし、練習量を増やすだけでは応用が利きません。

　仕組みや手順をしっかりと理解するという第一段階と、正しい手順を守りながら練習するという第二段階の学習も大切です。たとえば、分数のかけ算やわり算において、「途中で約分する」のか「最後に約分する」のかという些細なことが、その後の学習に大きな影響を与えます。

　本書は、仕組みや手順をしっかりと理解してもらうための「つまずきをなくす説明」「つまずきをなくすふり返り」と、正しい手順で練習してもらうための「つまずきをなくす練習」で構成されています。

　そして、子ども自身が本書の空欄に数字や言葉を埋めていくことで、正しい手順が身につくように工夫しました。解答欄の大きさも、子どもたちが書きやすい字の大きさを意識しています。

　本書が、子どもたちの今の学習の支えになり、1年後の学習の基盤になることを願っています。

2020年9月　西村則康

小学6年生の算数
つまずきをなくす学習のポイント

　小学6年生の算数では、これまでに学習してきた内容との関連をはかりながら、**整数×分数、整数÷分数、分数×分数、分数÷分数、比、比例と反比例、2量の関係と表**などの学習をしていきます。

　分数どうしの乗除で起こる計算ミスの主な原因には、①乗除の計算をするために、帯分数を仮分数に直すときのミス、②除法でわる数を仮分数に直すことと逆数のかけ算にすることを同時に処理することによって起こるミス、③約分を後回しにしてかけ算をすることによって数値が大きくなり、帯分数に直しそびれたり、約分しそびれたりするミス、④乗除の混合算で×、÷を見誤るミス、があります。

　①については計算練習を一定量こなすことで大きく削減できます。また②は、「除法でわる数を仮分数に直す→わる数を逆数に変えてかけ算にする」のように2つの式に分ければ防ぐことができますし、③も「約分→乗除の計算」のように約分を先に行うといった、正しい手順を守ることで防ぐことができます。④は、計算式を「中学生数学」風に縦書きにするとミスが減っていきます。

　小学6年生の分数計算は、乗除だけに変わりました。ところが、分数の乗除を学習しているうちに、分数の和差計算を忘れてしまうことが多いのです。分数計算の最終目標は、分数を含んだ四則混合計算です。本書で分数の乗除を学習したあとで、分数の和差計算を復習することを強くおすすめします。その際は、『つまずきをなくす 小5算数 計算【改訂版】』を利用されるのも一法です。

　比は、分数を分子：分母に置き換えたものともとらえることができますので、約分をする力が大きく関わってきます。

　比例と反比例においては、「日常生活における常識」の弱さがミスにつながります。「1個200円のリンゴを、2個買うと代金も1個のときの2倍、6個買うと2個買ったときの3倍」「ロウソクの燃えた長さ＋残りの長さ＝ロウソクのはじめの長さ」「同じ量のパテを、薄くすれば面積の大きなハンバーグ、厚くすれば面積の小さなハンバーグになる」などを確認してみましょう。

　**比例と反比例のグラフでは、グラフのかき方でつまずくと、グラフの読み取りでもつま

ずくことになります。折れ線グラフなどを学んだときに苦労をしたお子さんは、もう一度おさらいをしておくとよいですね。

　6年生の学習内容は、中学1年生で学ぶ数学にとっても重要な内容が多く含まれています。本書を利用してミスをなくし、新しく学ぶ中学数学につなげていきましょう。

【保護者の方へ】

　本書ではチャプター1に「文字と式」の単元を用意していますが、多くの教科書でも「文字と式」は4月から5月で学習するように作成されています。

　しかしながら、2学期に学ぶことの多い「正比例・反比例」や中学の「文字式」「方程式」の準備という要素もありますので、**本書のチャプター1を2学期や3学期など、後回しにしてチャプター2から取り組むこともひとつの方法です。**お子さんの状況に応じてご選択ください。

　また、文部科学省の学習指導要領には、分数の計算結果を帯分数で表記するか仮分数で表記するかなどについて、特に「○○のようにします」のような記載はありません。**分数の表記については、数の大きさをとらえやすい帯分数、計算の速度アップにつながる仮分数など、状況に応じた使い分けができることが理想ですが、**お子さんが「学校では必ず帯分数に直すように習った」「中学校の数学では仮分数を使うので、仮分数のままでいいって先生に言われた」など戸惑っておられましたら、「学校のやり方でもかまわないよ」「ミスがなくなる書き方だから、一度挑戦してみない？」のようなお声かけをしていただければ幸いです。

この本の特色と使い方

つまずきをなくす説明

計算方法と間違えやすい点について丁寧な説明がありますので、計算に不安があるお子さんはもちろん、はじめて計算方法を学ぶお子さんでも、1人で無理なく取り組むことができます。

つまずきをなくすふり返り

計算のポイントをお子さんが書き込んで確認することで、「つまずきをなくす説明」と同じ計算パターンの問題が定着できるように工夫されています。また、「つまずきをなくす説明」では取り扱わなかった、間違えやすい問題も用意されています。

つまずきをなくす練習

「つまずきをなくす練習」は、基本的に「つまずきをなくす説明」と「つまずきをなくすふり返り」で学んだ計算方法を練習するための前半部分（約2ページ分）と、少しレベルを上げた問題や文章題など応用に挑戦するための後半部分（約2ページ分）とからなります（一部例外もあります）。この前半部分でまちがえたときは「つまずきをなくす説明」と「つまずきをなくすふり返り」に戻ってみましょう。前半部分には、☐／8 のように何問正解できたかを記入する欄があります。前半部分がどの程度できるようになっているかをこの記入欄を参考にし、きちんとできているようでしたら後半部分の応用に挑戦してみましょう。

CHAPTER 5 文章題

CHAPTER 6 およその数(がい数)

CHAPTER

1

文字と式

1 文字と式

---

001 次の文を読んで、 ☐ にあてはまる数や記号などを書きましょう。

---

① 1個30円のミカンを6個買います。代金を求める式を書きましょう。

☐ × 6 = ☐

② 1個△円のレモンを6個買います。代金を○円として、
○と△を使った式を書きましょう。

☐ × 6 = ☐ ← このような式のことを
「○と△の関係を表す式」といいます

③ 1個 x 円のレモンを6個買います。
代金を y 円として、x と y を使った式を書きましょう。

☐ × 6 = ☐ ← このような式のことを
「x と y の関係を表す式」といいます

書き順

x は「エックス」、
y は「ワイ」と読むんだ

④ ❸の式で、x に50をあてはめて、代金を求めましょう。

$$x \times 6 = y$$

↓ x に50をあてはめるので、x の代わりに50を書きます

$$50 \times 6 = y$$

この式は計算ができるので、
↓ y を消して計算した300を書きます

$$50 \times 6 = 300$$

答え：300 円

ポイント

数の代わりに○や△、○や△の代わりに x や y を用いて式にすることができます。

002 | 個 x 円のレモンを 6 個と 200 円のリンゴを | 個買うときの代金を y 円とします。

❶ ☐ の中にあてはまる数や x 、y を書いて、
x と y の関係を式に表しましょう。

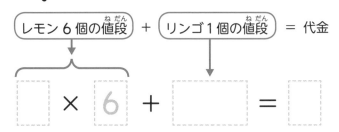

$$\boxed{} \times \boxed{6} + \boxed{} = \boxed{}$$

❷ x の値を 40、50、60 としたとき に、
それぞれに対応する y の値を求めて表に書きましょう。

説明

「x の値を 40、50、60 としたとき」とは、「x に 40 をあてはめたとき、50 をあてはめたとき、60 をあてはめたときの 3 つの計算をしなさい」という意味です。

> 「それぞれに対応する y の値」というのは、x に 40、50、60 をあてはめて計算した答えのことだよ

$$x \times 6 + 200 = y$$

x の値が 40 のとき $\quad 40 \times 6 + 200 = \underbrace{440}$

$\qquad\qquad\qquad\qquad\qquad$ x の値が 40 のときの y の値

同じように、
x の値が 50 のとき、$50 \times 6 + 200 = 500$ ➡ y の値は 500
x の値が 60 のとき、$60 \times 6 + 200 = 560$ ➡ y の値は 560

x (円)	40	50	60
y (円)	440		

003 文ぼう具店で同じ値段のえん筆を6本と、80円の消しゴムを1個買いました。

① えん筆1本の値段を x 円、代金を y 円として、x と y の関係を式に表しましょう。

$$\boxed{} \times \boxed{6} + \boxed{} = \boxed{}$$

② 代金は500円でした。
1本何円のえん筆を買いましたか。

えん筆の値段はおよそ400円だから、$x \times 6$ が400に近い値になるように x に数をあてはめて、調べよう

およそ400円

$$\boxed{} \times 6 + 80 = 500$$

$x = 50$ のとき、 $50 \times 6 + 80 = 380$ ➡ $y = 380$

$x = 60$ のとき、 $\boxed{} \times 6 + 80 = \boxed{}$ ➡ $y = \boxed{}$

$x = 70$ のとき、 $\boxed{} \times 6 + 80 = \boxed{}$ ➡ $y = \boxed{}$

答え： 70 円

004 文ぼう具店でえん筆を買います。えん筆1本の値段を x 円としたとき、次の式が何を表しているか答えましょう。

① $x \times 6$

考え方

えん筆1本の値段 × 買った本数 ＝ えん筆の代金

$$\boxed{x \quad \times \quad 6}$$

答え： えん筆 6 本の代金

❷ $x \times 12$

005

右の絵と式を見て、ピキ君、ニャンキチ君、ピコエさんの３人が意見を言っています。団子１くしの値段（ねだん）を x 円としたとき、だれの意見が正しいでしょう。

団子１くし ☐ 円　　桜もち１個180円

$$x \times 6 + 180$$

ピキ君

団子１くしと桜もち６個の代金だね

ニャンキチ君

団子６くしの代金だニャン

ピコエさん

団子６くしと桜もち１個の代金だよ

考え方

団子１くしの値段（ねだん）　　　桜もち１個の値段（ねだん）

$$x \quad \times \quad 6 \quad + \quad 180 \implies 団子６くしと桜もち１個の合計代金$$

団子１くしの値段（ねだん）を６倍しているので６くし買ったとわかります

答え： ピコエさん

---

006 右の図で、$x \times 3$ は何を表していますか。

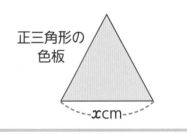

正三角形の色板

$x$cm

考え方

正三角形の１つの辺の長さ

$$x \quad \times \quad 3 \implies 正三角形の３つの辺の長さの合計$$

答え： 正三角形の ま ☐ の ☐ さ

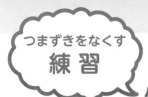
小6-1 文字と式

007 次の式が表している内容にふさわしい説明をア〜ウから選び、記号で答えましょう。 /3

(1) $x \times 6$ 　　(2) $x + 100$ 　　(3) $x \times 6 + 50$

ア　x 円のノートを1冊と100円の下じき1枚の代金。

イ　x 円のおかし6個を50円の箱に入れてもらったときの代金。

ウ　x 円のえん筆6本の代金。

答え（1）　　　　　（2）　　　　　（3）

008 かいと君は同じ値段のモモを6個買います。 /2

① モモ1個の値段を x 円、6個の代金を y 円として、x と y の関係を式に表しましょう。

答え　　　　　　　　　　　$= y$

② x の値240に対する y の値を求めましょう。

答え

009 れい君は同じ値段(ねだん)のシュークリーム6個を買い、50円の箱に入れてもらいました。 ☐/2

❶ シュークリーム1個の値段(ねだん)を x 円、代金を y 円として、x と y の関係を式に表しましょう。

答え _____

❷ x の値(あたい)を100、200としたとき、それぞれに対応する y の値(あたい)を求めて、表に書きましょう。

x (円)	100	200
y (円)		

010 たこあげ用のたこを作ります。たこの形は長方形で、縦(たて)の長さは50cmです。次の問いに答えましょう。 ☐/2

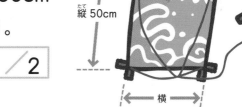
縦(たて) 50cm
横

❶ たこの横の長さを x cm、面積を y cm² として、x と y の関係を式に表しましょう。

答え _____

❷ 長方形の面積が1800cm² となるのは、たこの横の長さを何cmにしたときですか。

答え _____ cm

011 右下の値段表でえん筆１本の値段を x 円としたとき、次の式が何を表しているか答えましょう。

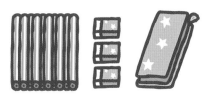

値段表

えん筆 ……… １本　　　x 円
消しゴム …… １個　　　80円
筆箱 ………… １つ　　 320円

① $x \times 6 + 80$

答え　えん筆 　　　　　　と　　　　　　　　| 個の代金

② $x + 320$

答え 　　　　　　　　　　　　　　　　の代金

③ $x \times 12$

答え 　　　　　　　

012 $x \times 6 + 80$ の式で表されるのは次のどれですか（答えは１つでなくてもかまいません）。

ア　x 円のガム６個と 80 円のキャラメル１個の代金。

イ　x 円のえん筆と 80 円の消しゴムを合わせて６個買ったときの代金。

ウ　毎日 x 題ずつ６日間解いて、あと 80 題残っている計算ドリルの問題数。

エ　80L の水を６つのバケツに x L ずつ移したあと、水そうに残っている水の量。

答え

013 右のような底辺が x cm、高さが 10cm の三角形の面積を次の **3** つの考え方で求めました。その考え方を表している式を選び、記号で答えましょう。

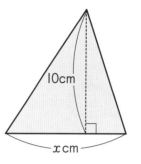

10cm

x cm

(1)

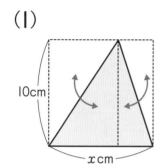

10cm

x cm

(2)

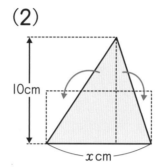

10cm

x cm

(3)

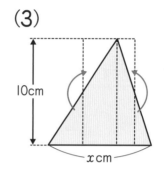

10cm

x cm

（式）　ア $x \times (10 \div 2)$　　イ $(x \div 2) \times 10$　　ウ $(x \times 10) \div 2$

答え（1）　　　　　（2）　　　　　（3）

014

ア　 250円

イ　 200円

ウ　 180円

エ　 500円

オ　 100円

上のケーキの中から同じ物を **5** 個買います。

❶ ケーキ **1** 個の値段を x 円、代金を y 円として、x と y の関係を式に表しましょう。

答え

❷ 代金が **900** 円になるのは、どのケーキを買ったときですか。記号で答えましょう。

答え

コラム

ピキ君、ニャンキチ君、ピコエさんの3人が、
次の問題を解きました。

問 題

1個 x 円のカップケーキを6個と1本1680円のロールケーキを買うときの代金を y 円とします。代金が4200円だったとき、1個何円のカップケーキを買いましたか。

あなたは、だれの考え方に賛成ですか。

ピキ君

ロールケーキの代金を2000円とみると、4200 − 2000 = 2200（円）だから、カップケーキ6個の代金はおよそ2200円だ。
2200 ÷ 6 = 366.6…（円）　より、カップケーキ1個は360円より高いことがわかるので、あとは順々に調べよう

カップケーキ1個の代金	370円	380円	390円	400円	410円	420円
カップケーキ6個の代金	2220円	2280円	2340円	2400円	2460円	2520円
合計代金	3900円	3960円	4020円	4080円	4140円	4200円

答え　420 円

ニャンキチ君

ピキ君の調べた表を見ていると、カップケーキの代金が10円増えると、合計代金は60円ずつ増えているから、全部を調べなくてもOKだニャン

カップケーキ1個の代金	370 円	380 円	…	
カップケーキ6個の代金	2220 円	2280 円	…	
合計代金	3900 円	3960 円	…	4200 円

4200 − 3900 = 300
300 ÷ 60 = 5
370 + 10 × 5 = 420

答え　420 円

ピコエさん

線分図に整理すると計算の順序がはっきりすると思うよ

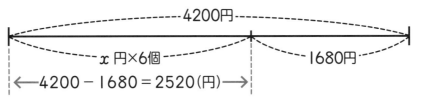

2520 ÷ 6 = 420

答え　420 円

CHAPTER

2

分数

2 分数のかけ算
（分数×整数）

分数×整数の計算のしかた

$$\frac{b}{a} \times c = \frac{b \times c}{a}$$

分数に整数をかける
ときは、分母はその
ままで分子に整数を
かけるんだ

---

015 次の計算をしましょう。

$$\frac{2}{7} \times 3$$

考え方

分子に整数をかけます

$$\frac{2}{7} \times 3 = \frac{2 \times 3}{7}$$

分母はそのまま

$$= \frac{6}{7}$$

答え： $\dfrac{6}{7}$

---

016 次の計算をしましょう。

$$\frac{3}{5} \times 6$$

考え方

〔＝〕の記号の位置をそろえます

$$\frac{3}{5} \times 6 = \frac{3 \times 6}{5}$$
$$= \frac{18}{5}$$
$$= 3\frac{3}{5}$$

計算の式は〔＝〕の
位置をそろえて、
下へおろそうね

答え： $\dfrac{18}{5}$ または $3\dfrac{3}{5}$

※仮分数のままにするか帯分数に直すかは学校で習ったとおりにしましょう。

ポイント

約分ができるときには、かけ算をする前に約分をしましょう。

017 次の計算をしましょう。

$$\frac{5}{12} \times 4$$

考え方

$$\frac{5}{12} \times 4 = \frac{5 \times \overset{1}{\cancel{4}}}{\underset{3}{\cancel{12}}} \quad 約分$$

$$= \frac{5 \times 1}{3} \quad 約分したあと、見やすくするために書きましょう$$

$$= \frac{5}{3}$$

$$= 1\frac{2}{3}$$

答え： $\dfrac{5}{3}$ または $1\dfrac{2}{3}$

ポイント

帯分数は仮分数にしてから計算しましょう。

018 次の計算をしましょう。

$$2\frac{3}{5} \times 15$$

考え方

帯分数を仮分数にします

$$2\frac{3}{5} \times 15 = \frac{13}{5} \times 15$$

$$= \frac{13 \times \overset{3}{\cancel{15}}}{\underset{1}{\cancel{5}}} \quad 約分$$

分母の1は書かないようにします

$$= \frac{13 \times 3}{1}$$

$$= 39$$

答え： 39

小6-2 分数のかけ算 (分数×整数)

019 次の　にあてはまる数や言葉を書いて、計算をしましょう。

❶

$$\frac{2}{9} \times 4 = \frac{\boxed{} \times \boxed{}}{\boxed{}}$$ ← 　子 と 整数 をかけます

$$= \frac{\boxed{}}{\boxed{}}$$

答え： $\dfrac{8}{9}$

❷

$$\frac{5}{12} \times 3 = \frac{\boxed{} \times \boxed{}}{\boxed{}}$$ ← かけ算をする前に 　分 をします

$$= \frac{\boxed{} \times \boxed{}}{\boxed{}}$$ ← 念のために書きます (慣れたら省略します)

$$= \frac{\boxed{}}{\boxed{}}$$

$$= \boxed{} \frac{\boxed{}}{\boxed{}}$$

答え： $\dfrac{5}{4}$ または $1\dfrac{1}{4}$

❸ $\dfrac{9}{14} \times 21 = \dfrac{\square \times \square\!\!\!\diagup}{\square\!\!\!\diagup_{\ \square}}$ ← かけ算をする前に

約 □ をします

$= \dfrac{\square \times \square}{\square} = \dfrac{\square}{\square}$

$= \square\dfrac{\square}{\square}$

答え：$\dfrac{27}{2}$ または $13\dfrac{1}{2}$

❹ $2\dfrac{2}{15} \times 3 = \dfrac{\square\square}{\square\square} \times \square$

$= \dfrac{\square\square \times \square\!\!\!\diagup}{\square\!\!\!\diagup_{\ \square}}$

$= \dfrac{\square\square \times \square}{\square} = \dfrac{\square\square}{\square} = \square\dfrac{\square}{\square}$

答え：$\dfrac{32}{5}$ または $6\dfrac{2}{5}$

小6-2 分数のかけ算 （分数×整数）

020 次の計算をしましょう。　　　　　　　／8

① $\dfrac{1}{7} \times 5$

② $\dfrac{4}{5} \times 7$

③ $\dfrac{5}{9} \times 3$

④ $\dfrac{7}{18} \times 9$

⑤ $\dfrac{4}{15} \times 10$

⑥ $\dfrac{15}{24} \times 28$

⑦ $1\dfrac{1}{3} \times 5$

⑧ $3\dfrac{3}{4} \times 6$

次の計算をしましょう。 ／8

1 $\dfrac{3}{5} \times 2$

2 $\dfrac{7}{12} \times 3$

3 $\dfrac{5}{9} \times 6$

4 $\dfrac{5}{18} \times 12$

5 $\dfrac{5}{7} \times 14$

6 $\dfrac{21}{24} \times 16$

7 $1\dfrac{2}{3} \times 5$

8 $2\dfrac{7}{15} \times 12$

3 分数のかけ算
（分数×分数）

分数×分数の計算のしかた

$$\frac{b}{a} \times \frac{d}{c} = \frac{b \times d}{a \times c}$$

分数のかけ算は、分子と分子、分母と分母をかけるんだ

022 次の計算をしましょう。

$$\frac{3}{8} \times \frac{1}{5}$$

考え方

分子 →
分母 →

$$\frac{3}{8} \times \frac{1}{5} = \frac{3 \times 1}{8 \times 5}$$

$$= \frac{3}{40}$$

答え：$\dfrac{3}{40}$

023 次の計算をしましょう。

$$\frac{5}{7} \times \frac{8}{3}$$

考え方

〔=〕の記号の位置をそろえます

$$\frac{5}{7} \times \frac{8}{3} = \frac{5 \times 8}{7 \times 3}$$

$$= \frac{40}{21}$$

$$= 1\frac{19}{21}$$

計算式は下へおろしていく方がミスを減らせるよ

答え：$\dfrac{40}{21}$ または $1\dfrac{19}{21}$

※仮分数のままにするか帯分数に直すかは学校で習ったとおりにしましょう。

約分ができるときは、かけ算をする前に約分をしましょう。

---

024 次の計算をしましょう。

$$\frac{2}{3} \times \frac{3}{4}$$

考え方

約分を先にする
方が計算ミスが
減るよ

$$\frac{2}{3} \times \frac{3}{4} = \frac{\overset{1}{\cancel{2}} \times \overset{1}{\cancel{3}}}{\underset{1}{\cancel{3}} \times \underset{2}{\cancel{4}}}$$ 約分　約分

$$= \frac{1 \times 1}{1 \times 2}$$

約分をしたあと、見やすくするために
書きます。慣れたら省略しましょう

$$= \frac{1}{2}$$

答え：$\dfrac{1}{2}$

---

025 次の計算をしましょう。

$$1\frac{2}{5} \times 2\frac{1}{6}$$

考え方

帯分数のかけ算は、
かけ算をする前に
仮分数に直そう

$$1\frac{2}{5} \times 2\frac{1}{6} = \frac{7}{5} \times \frac{13}{6}$$

$$= \frac{7 \times 13}{5 \times 6} = \frac{91}{30}$$

$$= 3\frac{1}{30}$$

答え：$\dfrac{91}{30}$ または $3\dfrac{1}{30}$

小6-3 分数のかけ算 (分数×分数)

026 次の □ にあてはまる数や言葉を書いて、計算をしましょう。

1

$$\frac{2}{9} \times \frac{4}{5} = \frac{\square \times \square}{\square \times \square}$$

← 子 と □ 、
□ と □ をかけます

$$= \frac{\square}{\square}$$

答え： $\dfrac{8}{45}$

2

$$\frac{1}{3} \times \frac{6}{7} = \frac{1 \times \diagup}{\diagup \times 7}$$

← かけ算をする前に □分 をします

$$= \frac{1 \times \square}{\square \times 7}$$

← 念のために書きます（慣れたら省略します）

$$= \frac{\square}{\square}$$

答え： $\dfrac{2}{7}$

❸

$$5 \times \frac{2}{11} = \frac{\square}{1} \times \frac{2}{11}$$

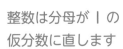 整数は分母が１の
仮分数に直します

$$= \frac{\square \times \square}{\square \times \square}$$

$$= \frac{\square}{\square}$$

答え： $\dfrac{10}{11}$

❹

$$\frac{3}{4} \times \frac{2}{5} \times \frac{5}{6} = \frac{\square \times \square \times \square}{4 \times 5 \times \square}$$

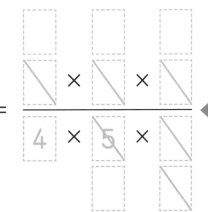 分数が３つになっても
計算方法は同じです

$$= \frac{\square}{\square}$$

答え： $\dfrac{1}{4}$

❹の別解

$$\frac{\overset{1}{\cancel{3}}}{\underset{2}{\cancel{4}}} \times \frac{\overset{1}{\cancel{2}}}{\underset{1}{\cancel{5}}} \times \frac{\overset{1}{\cancel{5}}}{\underset{2}{\cancel{6}}}$$

のように、分子３と分母６、分子２と分母４の
組み合わせで約分してもOKです

小6-3 分数のかけ算 （分数×分数）

027 次の計算をしましょう。　　　/8

❶ $\dfrac{1}{3} \times \dfrac{1}{5}$

❷ $\dfrac{2}{5} \times \dfrac{3}{7}$

❸ $\dfrac{5}{3} \times \dfrac{7}{9}$

❹ $\dfrac{5}{4} \times \dfrac{11}{6}$

❺ $4 \times \dfrac{1}{3}$

❻ $\dfrac{3}{5} \times 2$

❼ $2 \times \dfrac{5}{8}$

❽ $\dfrac{3}{4} \times 6$

次の計算をしましょう。 ／8

1 $\dfrac{1}{4} \times \dfrac{2}{7}$

2 $\dfrac{6}{7} \times \dfrac{7}{9}$

3 $\dfrac{5}{9} \times \dfrac{3}{10}$

4 $\dfrac{8}{15} \times \dfrac{5}{6}$

5 $1\dfrac{1}{4} \times 1\dfrac{1}{6}$

6 $2\dfrac{1}{2} \times \dfrac{7}{10}$

7 $1\dfrac{2}{3} \times 1\dfrac{1}{5}$

8 $1\dfrac{2}{5} \times 1\dfrac{1}{14}$

029 次の計算をしましょう。

❶ $\dfrac{4}{7} \times \dfrac{3}{10} \times \dfrac{5}{6}$

❷ $2 \times 1\dfrac{1}{4} \times \dfrac{8}{15}$

030 $\dfrac{3}{4} \times \dfrac{4}{3}$ のように 2 つの数の積が 1 になるとき、「$\dfrac{3}{4}$ は $\dfrac{4}{3}$ の逆数」「$\dfrac{4}{3}$ は $\dfrac{3}{4}$ の逆数」といいます。次の数の逆数を答えましょう（逆数が整数に直せるときは整数に直します）。

❶ $\dfrac{2}{3}$ （逆数は分子と分母を入れかえた分数です）

答え _____

❷ $\dfrac{1}{2}$ （逆数が整数に直せるときは整数に直します）

答え _____

❸ 0.25 （小数は分数に直してから考えます）

答え _____

❹ 3 （整数は分母が 1 の分数に直してから考えます）

答え _____

031 次の問いに答えましょう。

1 1dL で 2m² をぬれるペンキがあります。5dL のペンキでは何 m² ぬれますか。

答え _____ m²

2 「1dL でぬれる面積」「ペンキの量」「ぬれる面積」を使って、ことばの式を書きましょう。

	×		=	

3 1dL で $\frac{3}{4}$ m² をぬれるペンキがあります。5dL のペンキでは何 m² ぬれますか。❷のことばの式にあてはめて考えてみましょう。

答え _____ m²

4 1dL で $\frac{3}{4}$ m² をぬれるペンキがあります。$\frac{7}{10}$ dL のペンキでは何 m² ぬれますか。❷のことばの式にあてはめて考えてみましょう。

答え _____ m²

4 分数のわり算
（分数÷整数）

つまずきをなくす
説明

分数÷整数の計算のしかた

$$\frac{b}{a} \div c = \frac{b}{a \times c}$$

分数を整数でわるときは、
分子はそのままで、分母
とわる整数をかけるんだ

---

032 次の計算をしましょう。

$$\frac{1}{7} \div 3$$

考え方

分子はそのまま

$$\frac{2}{7} \div 3 = \frac{2}{7 \times 3}$$

分母に整数をかける

$$= \frac{2}{21}$$

分母にわる整数を
かけるんだよ

答え： $\frac{2}{21}$

---

033 次の計算をしましょう。

$$\frac{6}{7} \div 3$$

考え方

〔＝〕の記号の位置をそろえておろそうね

$$\frac{6}{7} \div 3 = \frac{\overset{2}{\cancel{6}}}{7 \times \cancel{3}}$$ ← ここで約分をします

$$= \frac{2}{7 \times 1}$$

$$= \frac{2}{7}$$

答え： $\frac{2}{7}$

ポイント

帯分数をわるときは仮分数にしましょう。

---

034 次の計算をしましょう。

$$1\frac{2}{5} \div 3$$

考え方

帯分数を仮分数にする

$$1\frac{2}{5} \div 3 = \frac{7}{5} \div 3$$

$$= \frac{7}{5 \times 3}$$

$$= \frac{7}{15}$$

答え： $\dfrac{7}{15}$

---

035 次の計算をしましょう。

$$3\frac{3}{5} \div 12$$

考え方

帯分数を仮分数にする

$$3\frac{3}{5} \div 12 = \frac{18}{5} \div 12$$

$$= \frac{\overset{3}{\cancel{18}}}{5 \times \underset{2}{\cancel{12}}}$$　← ここで約分をします

$$= \frac{3}{5 \times 2}$$　← 約分したあと、見やすくするために書きましょう

$$= \frac{3}{10}$$

答え： $\dfrac{3}{10}$

小6-4 分数のわり算 (分数÷整数)

036 次の ☐ にあてはまる数や言葉を書いて、計算をしましょう。

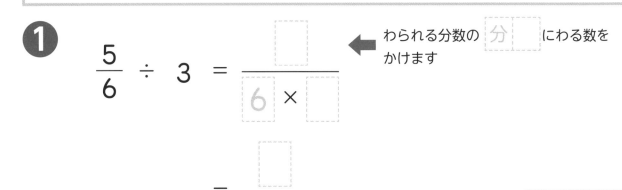

❶

$$\frac{5}{6} \div 3 = \frac{\boxed{}}{6 \times \boxed{}}$$

← わられる分数の [分] ☐ にわる数をかけます

$$= \frac{\boxed{}}{\boxed{}}$$

答え： $\dfrac{5}{18}$

❷

$$\frac{15}{17} \div 5 = \frac{\boxed{}}{\boxed{} \times \boxed{}}$$

← ここで [分] ☐ をします

$$= \frac{\boxed{}}{\boxed{} \times 1}$$

$$= \frac{\boxed{}}{\boxed{}}$$

答え： $\dfrac{3}{17}$

❸

$3\dfrac{1}{2} \div 5 = \dfrac{\Box}{\Box} \div \boxed{5}$ ← $\boxed{}$ 分 数 を $\boxed{}$ 分 数 にします

$= \dfrac{\Box}{\Box \times \Box}$

$= \dfrac{\Box}{\Box}$

答え： $\dfrac{7}{10}$

❹

$5\dfrac{1}{3} \div 12 = \dfrac{\Box\Box}{\Box} \div \Box\Box$

$= \dfrac{\Box}{\Box \times \Box}$ ← 分母のかけ算をする前に $\boxed{}$ をします

$= \dfrac{\Box}{\Box \times \Box}$

$= \dfrac{\Box}{\Box}$

答え： $\dfrac{4}{9}$

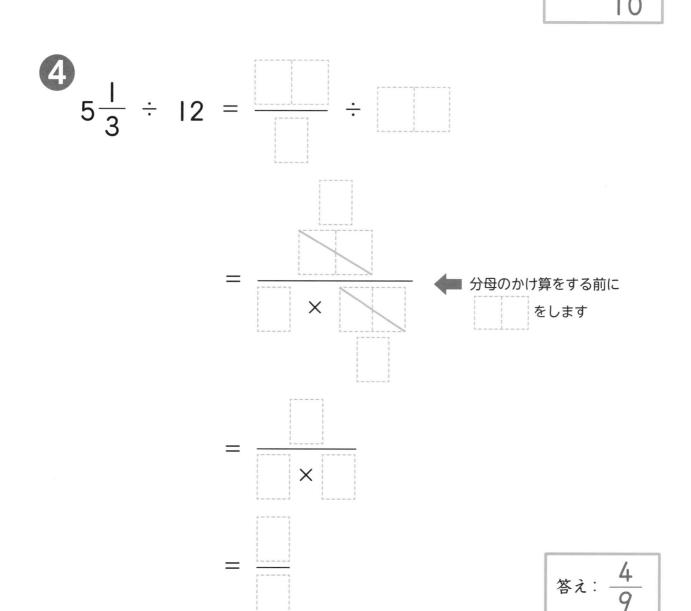

小6-4 分数のわり算 （分数÷整数）

037 次の計算をしましょう。　　　　　／8

❶ $\dfrac{1}{2} \div 3$

❷ $\dfrac{3}{5} \div 4$

❸ $\dfrac{8}{9} \div 6$

❹ $\dfrac{12}{13} \div 4$

❺ $1\dfrac{3}{4} \div 5$

❻ $2\dfrac{2}{3} \div 5$

❼ $3\dfrac{1}{3} \div 5$

❽ $2\dfrac{2}{7} \div 12$

次の計算をしましょう。 　/8

① $\dfrac{2}{3} \div 5$

② $\dfrac{5}{7} \div 3$

③ $\dfrac{5}{8} \div 5$

④ $\dfrac{7}{15} \div 14$

⑤ $3\dfrac{2}{3} \div 2$

⑥ $5\dfrac{1}{2} \div 5$

⑦ $2\dfrac{4}{7} \div 9$

⑧ $4\dfrac{4}{5} \div 30$

つまずきをなくす
説明

小6 5 分数のわり算
（分数÷分数）

分数÷分数の計算のしかた

$$\frac{b}{a} \div \frac{d}{c} = \frac{b \times c}{a \times d}$$

分数のわり算は、わる数の逆数をわられる数にかけるんだ

039 次の計算をしましょう。

$$\frac{1}{8} \div \frac{1}{3}$$

考え方

逆数のかけ算に直す

$$\frac{1}{8} \div \underbrace{\frac{1}{3}}_{\text{わる数}} = \frac{1}{8} \times \frac{3}{1}$$

$$= \frac{1 \times 3}{8 \times 1}$$

$$= \frac{3}{8}$$

われる数の分子と分母はそのままだよ

答え：$\dfrac{3}{8}$

040 次の計算をしましょう。

$$\frac{2}{9} \div \frac{1}{3}$$

考え方

$$\frac{2}{9} \div \frac{1}{3} = \frac{2}{9} \times \frac{3}{1}$$ ← わり算を逆数のかけ算に直します

$$= \frac{2 \times \cancel{3}}{\cancel{9} \times 1}$$ ← 約分をします

$$= \frac{2}{3}$$ ← かけ算の答えを書きます

答え：$\dfrac{2}{3}$

ポイント

わり算をかけ算に直すのは、わる数を逆数にするときだけです。

---

041 次の計算をしましょう。

$$4 \div \frac{2}{9}$$

考え方 ①整数を分母が1の分数に直す

$$4 \div \frac{2}{9} = \frac{4}{1} \div \frac{2}{9}$$

②逆数のかけ算に直す

$$= \frac{4}{1} \times \frac{9}{2}$$

$$= \frac{\overset{2}{\cancel{4}} \times 9}{1 \times \cancel{2}_{1}}$$

$$= \frac{18}{1} = 18$$

整数を分母が1の分数に直すことと、わる分数の逆数をかけることを2回に分けるとミスが減るよ

答え： 18

---

042 次の計算をしましょう。

$$1\frac{1}{4} \div 2\frac{1}{2}$$

考え方

$$1\frac{1}{4} \div 2\frac{1}{2} = \frac{5}{4} \div \frac{5}{2}$$ ← 帯分数を仮分数に直します

$$= \frac{5}{4} \times \frac{2}{5}$$ ← わり算を逆数のかけ算に直します

$$= \frac{\overset{1}{\cancel{5}} \times \overset{1}{\cancel{2}}}{\underset{2}{\cancel{4}} \times \underset{1}{\cancel{5}}}$$ ← 約分をします

$$= \frac{1}{2}$$ ← かけ算の答えを書きます

答え： $\frac{1}{2}$

小6-5 分数のわり算 （分数÷分数）

043 次の □ にあてはまる数や言葉を書いて、計算をしましょう。

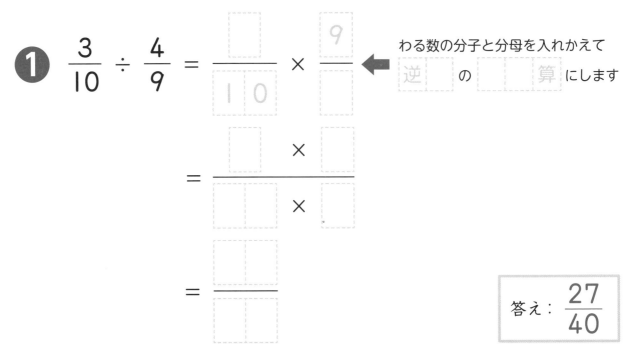

① $\dfrac{3}{10} \div \dfrac{4}{9} = \dfrac{}{10 \ } \times \dfrac{9}{} \ \longleftarrow$ わる数の分子と分母を入れかえて

逆 □ の □ 算 にします

$= \dfrac{\times}{\times}$

$= \dfrac{}{}$

答え：$\dfrac{27}{40}$

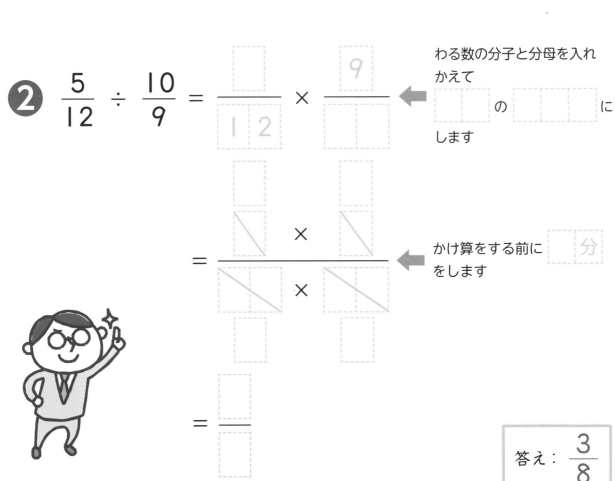

② $\dfrac{5}{12} \div \dfrac{10}{9} = \dfrac{}{12 \ } \times \dfrac{9}{} \ \longleftarrow$ わる数の分子と分母を入れかえて □ の □ にします

$= \dfrac{\times}{\times} \ \longleftarrow$ かけ算をする前に □ 分 をします

$= \dfrac{}{}$

答え：$\dfrac{3}{8}$

❸ $6 \div \dfrac{5}{6} = \dfrac{6}{\Box} \div \dfrac{5}{6}$ ← 整数は分母が1の
仮分数に直します

$= \dfrac{\Box}{\Box} \times \dfrac{\Box}{\Box}$

$= \dfrac{\Box}{\Box} = \Box\dfrac{\Box}{\Box}$

答え： $\dfrac{36}{5}$ または $7\dfrac{1}{5}$

❹ $1\dfrac{1}{6} \div 2\dfrac{1}{3} = \dfrac{\Box}{6} \div \dfrac{\Box}{3}$ ← 帯分数は $\boxed{\text{仮}}$ 分 数 に
直します

$= \dfrac{\Box}{\Box} \times \dfrac{\Box}{\Box}$ ← わる数の分子と分母を
入れかえて $\Box\Box$ の
$\Box\Box$ にします

$= \dfrac{\Box \times \Box}{\Box \times \Box}$ ← かけ算をする前に
$\Box$ 分 をします

$= \dfrac{\Box}{\Box}$

答え： $\dfrac{1}{2}$

小6-5 分数のわり算（分数÷分数）

044 次の計算をしましょう。　／8

① $\dfrac{1}{3} \div \dfrac{1}{2}$

② $\dfrac{3}{4} \div \dfrac{2}{3}$

③ $\dfrac{3}{8} \div \dfrac{6}{11}$

④ $\dfrac{5}{3} \div \dfrac{10}{9}$

⑤ $4 \div \dfrac{1}{3}$

⑥ $\dfrac{5}{12} \div 3$

⑦ $2 \div \dfrac{4}{7}$

⑧ $\dfrac{3}{10} \div 6$

次の計算をしましょう。　　　　　　　/8

❶ $\dfrac{3}{4} \div \dfrac{9}{10}$

❷ $\dfrac{6}{7} \div \dfrac{7}{6}$

❸ $\dfrac{5}{8} \div \dfrac{5}{8}$

❹ $\dfrac{2}{5} \div \dfrac{2}{15}$

❺ $1\dfrac{1}{5} \div 1\dfrac{1}{9}$

❻ $2\dfrac{1}{2} \div 1\dfrac{1}{4}$

❼ $1\dfrac{2}{7} \div 1\dfrac{2}{7}$

❽ $1\dfrac{1}{26} \div 1\dfrac{5}{13}$

046 次のわり算の式の商について正しいものを選び、記号で答えましょう。

(1) $40 \div \dfrac{1}{3}$ (2) $40 \div 2\dfrac{1}{2}$ (3) $40 \div 1$

ア 商は 40 より大きい。

イ 商は 40 と等しい。

ウ 商は 40 より小さい。

答え（1）   （2）   （3）

大切！

1 より大きい数でわると、商はわられる数よりも小さくなります。

047 次のわり算について、商の大きい順に並べ、記号で答えましょう。

ア $13 \div 1\dfrac{1}{3}$ イ $13 \div \dfrac{5}{9}$ ウ $13 \div 1$ エ $13 \div \dfrac{5}{7}$

答え ☐ ＞ ☐ ＞ ☐ ＞ ☐

048 次の問いに答えましょう。

① 10m のリボンがあります。2m ずつに切ると、何本のリボンに
なりますか。

答え　　　　　本

② 「リボン全体の長さ」「1本のリボンの長さ」「リボンの本数」を
使って、ことばの式を書きましょう。

$$\boxed{} \div \boxed{} = \text{リボンの本数}$$

③ 10m のリボンがあります。$\frac{1}{4}$m ずつに切ると、何本のリボン
になりますか。②のことばの式にあてはめて考えてみましょう。

答え　　　　　本

④ $8\frac{3}{4}$m のリボンがあります。$\frac{5}{8}$m ずつに切ると、何本のリボン
になりますか。②のことばの式にあてはめて考えてみましょう。

答え　　　　　本

つまずきをなくす
説明

かけ算とわり算が入り交じった式の計算順序

1. わり算を逆数のかけ算に直します。

2. 約分をします。

3. かけ算をします。

---

049 次の計算をしましょう。

$$\frac{5}{8} \times \frac{3}{5} \div \frac{3}{4}$$

考え方

逆数のかけ算に直します

$$\frac{5}{8} \times \frac{3}{5} \boxed{\div \frac{3}{4}} = \frac{5}{8} \times \frac{3}{5} \boxed{\times \frac{4}{3}}$$

わる数

$$= \frac{\overset{1}{\cancel{5}} \times \overset{1}{\cancel{3}} \times \overset{1}{\cancel{4}}}{\underset{2}{\cancel{8}} \times \underset{1}{\cancel{5}} \times \underset{1}{\cancel{3}}}$$

5と5、3と3、8と4
をそれぞれ約分します

$$= \frac{1}{2}$$

約分しやすい数の組み
合わせを見つけよう

答え： $\dfrac{1}{2}$

分数に直すこととかけ算に直すことを一度にしないことでミスを防ぎます。

帯分数や小数が入り交じった式の計算順序

1. 帯分数や小数を仮分数や真分数に直します。

2. わり算を逆数のかけ算に直します。

3. 約分をします。

4. かけ算をします。

050 次の計算をしましょう。

$$1\dfrac{5}{9} \div 2\dfrac{1}{3} \times 1.2$$

考え方

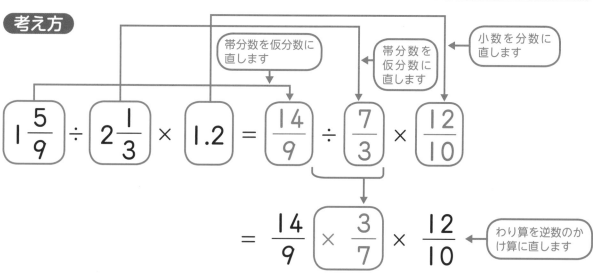

帯分数を仮分数に直します

帯分数を仮分数に直します

小数を分数に直します

$$1\dfrac{5}{9} \div 2\dfrac{1}{3} \times 1.2 = \dfrac{14}{9} \div \dfrac{7}{3} \times \dfrac{12}{10}$$

$$= \dfrac{14}{9} \times \dfrac{3}{7} \times \dfrac{12}{10}$$

わり算を逆数のかけ算に直します

分数だけにする→かけ算だけにする→約分、の順が計算ミスを防ぎやすいよ

$$= \dfrac{\overset{2}{\cancel{14}} \times \overset{1}{\cancel{3}} \times \overset{\overset{2}{\cancel{6}}}{\cancel{12}}}{\underset{3}{\cancel{9}} \times \underset{1}{\cancel{7}} \times \underset{5}{\cancel{10}}}$$

約分をします
① 10 と 12 を約分して 5 と 6
② 9 と 3 を約分して 3 と 1
③ 3 と 6 を約分して 1 と 2
④ 7 と 14 を約分して 1 と 2

※他の組み合わせもあります

$$= \dfrac{4}{5}$$

答え：$\dfrac{4}{5}$

小6-6 分数のかけ算とわり算

051 次の □ にあてはまる数や言葉を書いて、計算をしましょう。

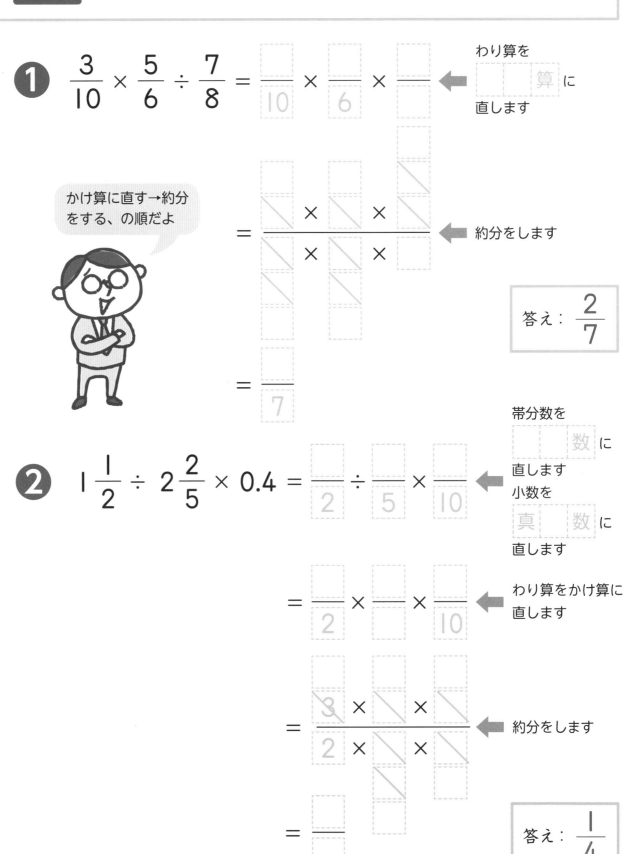

① $\dfrac{3}{10} \times \dfrac{5}{6} \div \dfrac{7}{8} = \dfrac{}{10} \times \dfrac{}{6} \times \dfrac{}{}$ ← わり算を □□ 算に 直します

かけ算に直す→約分 をする、の順だよ

$= \dfrac{ \times }{ \times }$ ← 約分をします

$= \dfrac{}{7}$

答え: $\dfrac{2}{7}$

② $1\dfrac{1}{2} \div 2\dfrac{2}{5} \times 0.4 = \dfrac{}{2} \div \dfrac{}{5} \times \dfrac{}{10}$ ← 帯分数を □□ 数に 直します 小数を 真□数に 直します

$= \dfrac{}{2} \times \dfrac{}{} \times \dfrac{}{10}$ ← わり算をかけ算に 直します

$= \dfrac{3 \times \times }{2 \times \times }$ ← 約分をします

$= $

答え: $\dfrac{1}{4}$

③ $0.75 \div 0.3 \times 2 = \dfrac{3}{4} \div \dfrac{\boxed{}}{\boxed{10}} \times \dfrac{\boxed{}}{\boxed{1}}$ ⬅ 小数、整数を $\dfrac{\boxed{分}}{\boxed{}}$ に直します

$= \dfrac{3}{4} \times \dfrac{\boxed{}}{\boxed{}} \times \dfrac{\boxed{}}{\boxed{}}$ ⬅ わり算をかけ算に直します

小数の計算も分数に直すと簡単（かんたん）になるんだ

$= \dfrac{\boxed{} \times \boxed{} \times \boxed{}}{\boxed{} \times \boxed{} \times \boxed{}}$ ⬅ 約分をします

$= \dfrac{\boxed{}}{\boxed{1}} = \boxed{}$

答え： 5

※ $0.25 = \dfrac{1}{4}$ 、 $0.75 = \dfrac{3}{4}$ は、覚えておくと便利です。

④ $\dfrac{6}{11} \times \left(\dfrac{2}{3} + \dfrac{1}{4} \right) = \dfrac{6}{11} \times \left(\dfrac{\boxed{}}{\boxed{12}} + \dfrac{\boxed{}}{\boxed{12}} \right)$ ⬅ （ ）の中を先に計算します

$= \dfrac{6}{11} \times \dfrac{\boxed{}}{\boxed{}}$

$= \dfrac{\boxed{} \times \boxed{}}{\boxed{} \times \boxed{}}$

$= \dfrac{\boxed{}}{\boxed{}}$

答え： $\dfrac{1}{2}$

小6-6 分数のかけ算とわり算

052 次の計算をしましょう。　　　　　　　／3

❶ $\dfrac{1}{2} \times \dfrac{2}{3} \div \dfrac{5}{3}$

❷ $\dfrac{3}{4} \div \dfrac{3}{8} \times \dfrac{1}{2}$

❸ $\dfrac{1}{6} \div \dfrac{1}{4} \div \dfrac{1}{9}$

次の計算をしましょう。 　　　／3

❶ $1\dfrac{3}{5} \times 1\dfrac{1}{8} \div 2\dfrac{4}{7}$

❷ $1\dfrac{5}{12} \div 2\dfrac{1}{3} \times \dfrac{14}{19}$

❸ $3\dfrac{1}{3} \div 2\dfrac{1}{2} \div 1\dfrac{1}{3}$

❶ $\dfrac{1}{7} \times 1.4 \div \dfrac{3}{5}$

❷ $0.25 \times 0.8 \div 1.4$

❸ $\dfrac{8}{9} \times \left(\dfrac{5}{6} - \dfrac{3}{4} \right)$

055 次の問いに答えましょう。

1 びんにジュースが 1200mL 入っています。これは、コップに入るジュースの 6 倍にあたります。コップにジュースは何 mL 入りますか。

考え方

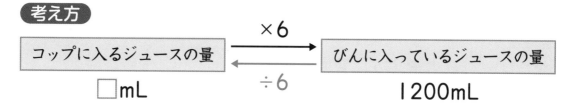

答え　　　　　　mL

2 コップにジュースが 150mL 入っています。これは、びんに入るジュースの $\frac{1}{5}$ 倍にあたります。びんにジュースは何 mL 入りますか。

考え方

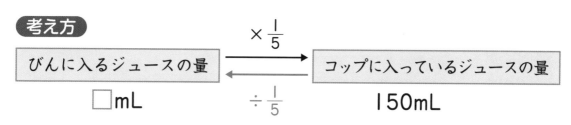

答え　　　　　　mL

3 びんにジュースが 800mL 入っています。これは、びんに入るジュースの $\frac{4}{9}$ 倍にあたります。びんには何 mL 入りますか。

答え　　　　　　mL

ピキ君、ニャンキチ君、ピコエさんの３人が、
次の問題を解きました。

問題

コップにジュースが入っていましたが、その $\frac{1}{5}$ を飲んだので、ジュースは 150mL になりました。はじめにコップに入っていたジュースは何 mL ですか。

あなたは、だれの考え方に賛成ですか。

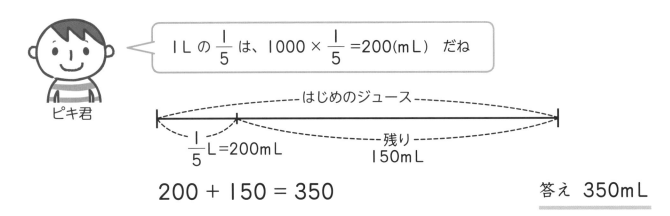

ピキ君

1L の $\frac{1}{5}$ は、$1000 \times \frac{1}{5} = 200$(mL)　だね

はじめのジュース

$\frac{1}{5}$L=200mL　　残り 150mL

$200 + 150 = 350$

答え　350mL

ニャンキチ君

線分図にすると、4目もりが 150mL とわかるニャン

はじめのジュース

$\frac{1}{5}$　　残り 150mL

$150 \div 4 = 37.5$　　$37.5 \times 5 = 187.5$　　答え　187.5mL

ピコエさん

$\frac{1}{5}$ 飲んだのだから、残りのジュースははじめの $\frac{4}{5}$ 倍だよ

はじめのジュース　$\times \frac{4}{5}$　残りのジュース 150mL　$\div \frac{4}{5}$

$150 \div \frac{4}{5} = 150 \times \frac{5}{4} = 187.5$　　答え　187.5mL

CHAPTER

比

小6 **7** 比 （比を知る）

---

056 箱の中に赤玉が 40 個、白玉が 60 個入っています。赤玉の個数と白玉の個数の比を書きましょう。

 考え方

問題文に「赤玉の個数と白玉の個数の比」とありますから、赤玉、白玉の順で表します。

比は「：（対）」の記号を使って表します。比の数には単位をつけません。

40 個　　60 個
40　：　60

答え：40：60

---

057 4：5 の比の値を求めましょう。

 考え方　a：b の比の値は、a ÷ b $\left(\dfrac{a}{b}\right)$ で求められます。
また、a：b の比の値は「a が b の何倍」になっているかを表しています。

$$4 : 5 = 4 \div 5 = 0.8 \left(\frac{4}{5}\right)$$

答え：0.8 または $\dfrac{4}{5}$

058 次の比について、3：4 と等しい比をすべて選び、記号で答えましょう。

ア 30：40　イ 6：8　ウ 10：15　エ 20：15

考え方　等しい比 ➡ 比の値が同じ

3：4 の比の値は、3 ÷ 4 = 0.75 $\left(\dfrac{3}{4}\right)$

ア　30：40 の比の値は 30 ÷ 40 = 0.75 $\left(\dfrac{3}{4}\right)$

イ　6：8 の比の値は 6 ÷ 8 = 0.75 $\left(\dfrac{3}{4}\right)$

ウ　10：15 の比の値は 10 ÷ 15 = $\dfrac{2}{3}$

エ　20：15 の比の値は 20 ÷ 15 = $1\dfrac{1}{3}$

アからエの中で比の値が 0.75 $\left(\dfrac{3}{4}\right)$ なのは、ア、イです。

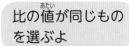
比の値が同じものを選ぶよ

答え： ア、イ

059 次の比について、$\dfrac{3}{4}$：$\dfrac{1}{2}$ と等しい比をすべて選び、記号で答えましょう。

ア　12：9　イ 1$\dfrac{1}{2}$：1　ウ 4.5：3

考え方　比の値を正しく計算します。

$\dfrac{3}{4}$：$\dfrac{1}{2}$ の比の値は、$\dfrac{3}{4} \div \dfrac{1}{2} = \dfrac{3}{\underset{2}{\cancel{4}}} \times \dfrac{\overset{1}{\cancel{2}}}{1} = \dfrac{3}{2} = 1\dfrac{1}{2}$ (1.5)

ア　12：9 の比の値は 12 ÷ 9 = $\dfrac{4}{3}$ = $1\dfrac{1}{3}$

イ　1$\dfrac{1}{2}$：1 の比の値は 1$\dfrac{1}{2}$ ÷ 1 = 1$\dfrac{1}{2}$ (1.5)

ウ　4.5：3 の比の値は 4.5 ÷ 3 = 1.5

アからウの中で比の値が 1.5 なのは、イ、ウです。

答え： イ、ウ

小6-7 比 （比を知る）

060 チョコレートの値段250円とキャンディーの値段180円の比を書きましょう。

問題に書かれている順に表します。

チョコレートの値段　　　キャンディーの値段

250 円　　：　　 180 円

単位を取ります

答え： 250：180

061 赤いリボンが50cmと青いリボンが80cmあります。赤いリボンの長さと青いリボンの長さの比を書きましょう。

赤いリボンの長さ　　　青いリボンの長さ

cm　　：　　 cm

答え： 50：80

062 次の比について、3：2と等しい比をすべて選び、記号で答えましょう。　ア　15：10　イ　5：4　ウ　45：30

3：2 の比の値は ☐ ÷ ☐ ＝ ☐.☐ $\left(\dfrac{}{2}\right)$

ア　15：10 の比の値は ☐ ÷ ☐ ＝ ☐.☐ $\left(\dfrac{}{}\right)$

イ　5：4 の比の値は ☐ ÷ ☐ ＝ ☐.☐ $\left(\dfrac{}{4}\right)$

ウ　45：30 の比の値は ☐ ÷ ☐ ＝ ☐.☐ $\left(\dfrac{}{}\right)$

比の値が同じなのは ☐ と ☐

答え：ア、ウ

063 次の比について、$\dfrac{1}{4}$：$\dfrac{1}{3}$と等しい比をすべて選び、記号で答えましょう。　ア　9：12　イ　15：20　ウ　20：25

$\dfrac{1}{4}$：$\dfrac{1}{3}$ の比の値は、$\dfrac{}{} \div \dfrac{}{} = \dfrac{}{} \times \dfrac{}{} = \dfrac{}{4}$

ア　9：12 の比の値は ☐ ÷ ☐ ＝ $\dfrac{}{}$ ＝ $\dfrac{}{}$

イ　15：20 の比の値は ☐ ÷ ☐ ＝ $\dfrac{}{}$ ＝ $\dfrac{}{}$

ウ　20：25 の比の値は ☐ ÷ ☐ ＝ $\dfrac{}{}$ ＝ $\dfrac{}{}$

比の値が同じなのは ☐ と ☐

答え：ア、イ

小6-7 比 （比を知る）

---

064 次の比を書きましょう。　　　　　　／4

❶ す 20mL とオリーブオイル 30mL を混ぜてドレッシングを作ります。

(1) すとオリーブオイルの容積の比を求めましょう。

答え _____

(2) すと、できあがるドレッシングの容積の比を求めましょう。

答え _____

❷ あきこさんのクラスは、男子 20 人、女子が 18 人です。

(1) 男子の人数と女子の人数の比を求めましょう。

答え _____

(2) 女子の人数とクラス全体の人数の比を求めましょう。

答え _____

---

065 次の比の値を求めましょう。　　　　　　／4

❶ 1：5

❷ 8：10

❸ $\dfrac{1}{2}$：2

❹ 1.2：1.6

次の 2 つの比が等しいかどうか調べて、等しければ 〇、等しくなければ ✕ を書きましょう。 ／8

❶ 8：20 と 2：5

答え _____

❷ 35：15 と 5：3

答え _____

❸ 125：150 と 15：18

答え _____

❹ 1.5：2 と 6：8

答え _____

❺ 1.5：4.5 と 2：5

答え _____

❻ $\dfrac{1}{3}$：$\dfrac{3}{4}$ と 4：9

答え _____

❼ $1\dfrac{1}{3}$：$2\dfrac{2}{3}$ と 5：12

答え _____

❽ 1.5：0.5 と $\dfrac{1}{3}$：$\dfrac{1}{9}$

答え _____

067 箱の中に赤玉が 40 個、白玉が 60 個入っています。赤玉の個数と白玉の個数の比を最も簡単な整数の比で表しましょう。

考え方

問題文に「最も簡単な整数の比」とありますから、最大公約数でそれぞれをわります。

40 と 60 の最大公約数は 20 だね

40 個 ： 60 個
÷20 ↘ 2 ： 3 ↙ ÷20

式と答え

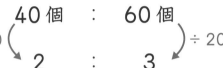

÷20

$$40 : 60 = 2 : 3$$

÷20

答え： 2：3

068 次の比について、最も簡単な比にすると 3：4 になるものをすべて選んで記号で答えましょう。

ア 30：40　イ 6：8　ウ 10：15　エ 15：20　オ 16：12

考え方　最大公約数（赤）でそれぞれをわります。

ア 　÷10　
30：40 ＝ 3：4
　÷10

イ 　÷2　
6：8 ＝ 3：4
　÷2

ウ 　÷5　
10：15 ＝ 2：3
　÷5

エ 　÷5　
15：20 ＝ 3：4
　÷5

オ 　÷4　
16：12 ＝ 4：3
　÷4

答え： ア、イ、エ

※オは、4：3で3：4とは順序が逆ですから、等しい比ではありません。

「比を簡単にする」ときは、最大公約数でわります。

---

069 砂糖と水の重さの比を 2：5 にして砂糖水を作ります。水の重さを 20g にすると、砂糖は何 g 必要ですか。

考え方

$$2 : 5 = \boxed{} : 20 \quad \Rightarrow \quad 2 : 5 = \boxed{} : 20$$

×4

砂糖　水　砂糖　水　　　砂糖　水　砂糖　水

水が　20 ÷ 5 = 4（倍）なので、砂糖は　2 × 4 = 8（g）です。

式と答え

$$2 : 5 = \boxed{} : 20 \qquad 20 ÷ 5 = 4 \qquad 2 × 4 = 8$$

×4

答え： 8g

---

070 砂糖と水の重さの比が 2：5 の砂糖水を 350g 作ります。砂糖は何 g 必要ですか。

考え方

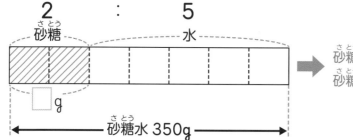

砂糖水を 7 とすると、砂糖は 2 にあたります。

2：5 だから、2 にあたる量は全体の $\dfrac{2}{2+5}$ 倍だよ

式と答え 砂糖の重さは、
砂糖水の重さの $\dfrac{2}{7}$ なので、

$$350 × \dfrac{2}{7} = 100$$

答え： 100g

071 す20mLとしょうゆ10mLを混ぜて調味料を作りました。すの量としょうゆの量の割合を最も簡単な整数の比で表しましょう。

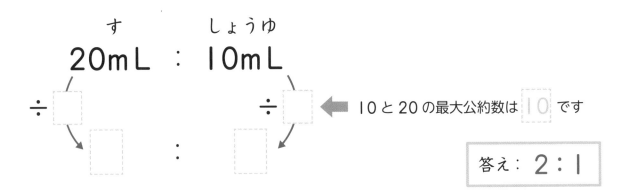

す　　　しょうゆ
20mL ： 10mL

÷ □　　　　÷ □　　← 10と20の最大公約数は □10 です

□ ： □

答え： 2：1

072 次の比を最も簡単な比にしましょう。

❶ 12：15 ＝ □ ： □

÷3　÷3

答え： 4：5

❷ 24：16 ＝ □ ： □

÷ □　÷ 8

答え： 3：2

❸ 36：8 ＝ □ ： □

÷ □　÷ □

答え： 9：2

073 次の比を最も簡単な比にしましょう。

❶ $1.2 : 1.5 = \boxed{} : \boxed{}$ ←×10 / ×10 整数の比に直します

$= 4 : 5$ ← 最も簡単な整数の比にします

答え：4:5

❷ $\dfrac{5}{6} : \dfrac{3}{4} = \dfrac{\boxed{}}{12} : \dfrac{\boxed{}}{12}$ ← 通分します

$= \boxed{10} : \boxed{9}$ ← 分子だけ残します

答え：10:9

074 次の x にあてはまる数を答えましょう。

$3 : 5 = 18 : x \qquad x = \boxed{30}$

×$\boxed{}$ / ×$\boxed{6}$

答え：30

075 長さ126cmのリボンを2：7に分けました。短い方のリボンの長さは何cmですか。

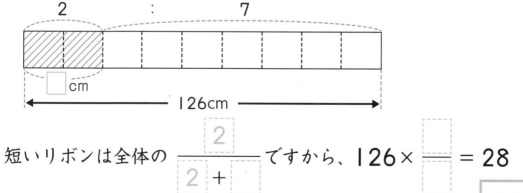

短いリボンは全体の $\dfrac{\boxed{2}}{\boxed{2} + \boxed{}}$ ですから、$126 \times \dfrac{\boxed{}}{\boxed{}} = 28$

答え：28cm

076 次の比を最も簡単な比にしましょう。 ／6

① 6：10

② 12：8

③ 16：12

④ 42：30

⑤ 100：120

⑥ 144：240

077 次の比を最も簡単な比にしましょう。 ／4

① 0.4：0.6

② 1.8：2.4

③ 0.3：9

④ 0.08：0.18

078 次の比を最も簡単な比にしましょう。 $\boxed{/4}$

1 $\dfrac{3}{8} : \dfrac{5}{8}$

2 $\dfrac{2}{5} : \dfrac{7}{10}$

3 $\dfrac{1}{2} : \dfrac{2}{3}$

4 $\dfrac{1}{4} : 3$

079 次の x にあてはまる数を求めましょう。 $\boxed{/6}$

1 $1 : 2 = 3 : x$

$x =$

2 $5 : 3 = 20 : x$

$x =$

3 $4 : 3 = x : 12$

$x =$

4 $8 : 5 = x : 35$

$x =$

5 $10 : 12 = 15 : x$

$x =$

6 $8 : 6 = x : 15$

$x =$

080 砂糖と小麦粉の重さを 3：8 にして、ケーキを作ります。 ／2

1 砂糖を 30g 使うとき、小麦粉は何 g 必要ですか。

答え　　　　　　　g

2 小麦粉を 400g 使うとき、砂糖は何 g 必要ですか。

答え　　　　　　　g

081 びんにジュースが 500mL 入っています。 ／2

1 ジュースを 2：3 に分けてコップに入れます。
少ない方のジュースの体積は何 mL ですか。

答え　　　　　　　mL

2 ジュースを 1：3 に分けてコップに入れます。
少ない方のジュースの体積は何 mL ですか。

答え　　　　　　　mL

082 たなの上に重さ 400g の品物が置かれています。これはたなの上に置ける重さの $\frac{2}{15}$ 倍にあたります。このたなの上に置ける重さは何 g までですか。

答え _____ g

083 3：5 という比があるとき、3÷5 の計算結果 $\frac{3}{5}$ や 0.6 のことを、「3：5 の比の値」といいます。次の問いに答えましょう。

❶ 2：3 の比の値を分数で求めましょう。

答え _____

❷ 20：30 の比の値を分数で求めましょう。

答え _____

❸ 縦の長さが 250cm、横の長さが 600cm の花だんがあります。この花だんの縦の長さと横の長さの比の値を分数で求めましょう。

答え _____

コラム

ピキ君、ニャンキチ君、ピコエさんの3人が、
次の問題を解きました。

問題

すとしょうゆを 3:2 の割合（わりあい）で混ぜてたれ 12g を作ろうとしましたが、まちがえて 2:3 の割合（わりあい）で混ぜてしまいました。3:2 にするには、何を何 g 加えるとよいですか。

あなたは、だれの考え方に賛成ですか。

ピキ君

はじめとあとのすの重さを計算すればいいんだよ

$12 \times \dfrac{2}{5} = 4.8$ …はじめのすの重さ

$12 \times \dfrac{3}{5} = 7.2$ …あとのすの重さ

$7.2 - 4.8 = 2.4$

答え　すを 2.4g 加える

ニャンキチ君

テープ図を書くニャン

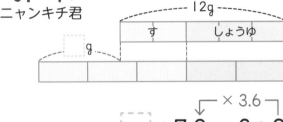

$\boxed{} : 7.2 = 3 : 2$　（×3.6）

$12 \times \dfrac{2}{5} = 4.8$ …はじめのすの重さ

$12 - 4.8 = 7.2$ …はじめのしょうゆの重さ

$3 \times 3.6 = 10.8$ …あとのすの重さ

$10.8 - 4.8 = 6$

答え　すを 6g 加える

ピコエさん

テープ図を細かく切り分けるとわかると思うよ

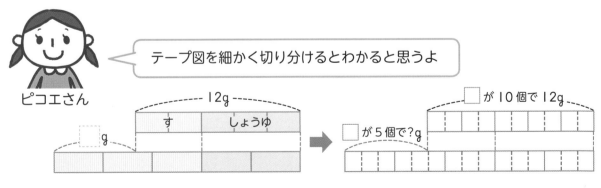

5個は10個の半分だから　$12 \div 2 = 6$

答え　すを 6g 加える

CHAPTER

4

比例と
反比例

---

084 長さが 1m、重さが 3kg の金属棒（きんぞくぼう）があります。この棒（ぼう）と同じ太さ、同じ材料でできた金属棒（きんぞくぼう）の長さと重さの関係を調べましょう。

---

① 長さが 2m の金属棒（きんぞくぼう）の重さは何 kg ですか。　にあてはまる数を書き、答えましょう。

$$3 \times 2 = 6$$

答え： 6kg

② 長さが 4m の金属棒（きんぞくぼう）の重さは何 kg ですか。　にあてはまる数を書き、答えましょう。

$$\boxed{} \times \boxed{} = \boxed{}$$

答え： 12kg

③ 次の表の空らんにあてはまる数を書きましょう。

長さ (m)	1	2	3	4	5	6
重さ (kg)	3	6				

④ この金属棒（きんぞくぼう）の長さが 2 倍になると、重さは何倍になりますか。また、長さが 3 倍になると、重さは何倍になりますか。

考え方

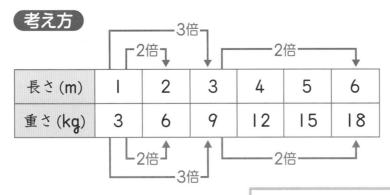

長さが 2 倍、3 倍…となると、重さも 2 倍、3 倍…になるような、2 つの数量の関係を比例というんだ

答え： (順に) 2 倍、3 倍

ポイント

2つの数量 x と y が比例しているとき

・x の値（あたい）が2倍、3倍…となると、y の値（あたい）も2倍、3倍…となります。

・(x の値（あたい））×（決まった数）＝（y の値（あたい））と表せます。

---

085 次の2つの数量 x と y の関係が比例であるものを選び、記号で答えましょう。

ア　20分で燃えつきる長さ10cmのロウソクの燃える時間 x 分と残りの長さ y cm の関係。

イ　横の長さが10cmである長方形の縦（たて）の長さ x cm と面積 y cm² の関係。

考え方　ア　20分で燃えつきますから、10 ÷ 20 ＝ 0.5 → 1分間に0.5cm 燃えて短くなります。

時間（x 分）	0	1	2	3	4	5
長さ（y cm）	10	9.5	9	8.5	8	7.5

時間が2倍、3倍…と増えても、長さは減っていきます（2倍、3倍…にはなりません）から、比例の関係ではありません。

イ　長方形の面積は、縦（たて）の長さ×横の長さ　で求められます。

縦（たて）の長さ（x cm）	1	2	3	4	5	6
面積（y cm²）	10	20	30	40	50	60

縦（たて）の長さが2倍、3倍…と増えると、面積も2倍、3倍…になっていますから、比例の関係です。

答え：イ

086　**084** や **085** イの関係をことばの式に表してみましょう。

084　3 × 金属棒（きんぞくぼう）の 長さ x ＝ 金属棒（きんぞくぼう）の 重さ y

085 イ　長方形の 縦（たて）の 長さ x × 10

　　　　＝ 長方形の □ y

> 2つの数量 x と y が比例しているときは、（決まった数）×(x の値（あたい））＝（y の値（あたい））や（x の値（あたい））×（決まった数）＝（y の値（あたい））のように表せるんだ

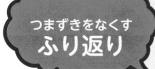

小6-9 比例

---

087 1分間に深さ 1.5cm の水がたまるように、水そうに水を入れます。

① 表の空らんにあてはまる数を書きましょう。

時間（分）	1	2	3	4	5	6
深さ（cm）	1.5	3				

② ①の表で時間が 2 倍、3 倍…となると、深さはどのように変わりますか。

答え：　 　倍、 　 倍…となります

③ 時間を x 分、深さを y cm とすると、x と y の関係はどのような式で表せますか。

答え： 1.5 × x = 　

④ このような x と y の関係を何といいますか。漢字 2 文字で答えましょう。

答え： 比　

---

088 1dL の重さが 120g のジュースをコップに入れます。コップに入れるジュースの体積 x dL とジュースの重さ y g の関係を調べましょう。

① 表の空らんにあてはまる数を書きましょう。

x (dL)	1	2	3	4	5	6
y (g)	120	240				

② x と y の関係はどのような式で表せますか。

答え：　 　 =y

089 次の表で、x と y が比例の関係になっているものをすべて選び、記号で答えましょう。

ア

x	1	2	3	4	5
y	10	20	30	40	50

イ

x	1	1.5	2	2.5	3
y	20	30	40	50	60

ウ

x	100	80	60	40	20
y	25	20	15	10	5

考え方

ア

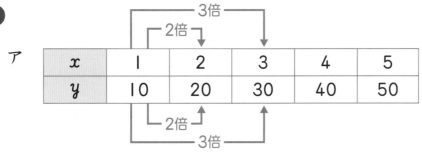

イ

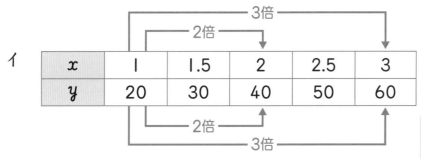

x の値が $\frac{1}{2}$ 倍、$\frac{1}{3}$ 倍…となると y の値も $\frac{1}{2}$ 倍、$\frac{1}{3}$ 倍…となる場合も比例だよ

ウ

x	100	80	60	40	20
y	25	20	15	10	5

答え： ア、イ、ウ

090 バスが1時間に40km進む速さで走っています。バスが走る時間を x 時間、走る道のりを y km として、x と y の関係を調べましょう。 　／2

① 表の空らんにあてはまる数を書きましょう。

x（時間）	1	2	3	4	5	6
y（km）						

② x と y の関係を式で表しましょう。

答え ＿＿＿＿＿＿＿＿＿ ＝ y

091 次は比例の関係にある x と y についての表です。表の空らんにあてはまる数を書きましょう。 　／3

①

x	1	2	3		5
y	10	20		40	

②

x	1	2	3	5	
y	20	40		100	120

③

x	1	1.5	2		10
y	50	75		125	

092　次の表について、以下の問いに答えましょう。　□/5

x	1	1.5	2	2.5	3
y	4	6	8	10	12

1 xの値が2倍、3倍となると、yの値はどのように変わりますか。

答え　yの値は　　　　　　　　　　　　となります

2 xとyの関係を式で表しましょう。

答え

3 xとyの関係を何といいますか。漢字2文字で答えましょう。

答え

4 表の空らんにあてはまる数を書きましょう。

x	1	1.5	2	2.5	3
y	4	6	8	10	12
$y \div x$の値	4				

5 次の文の　にあてはまる言葉を書きましょう。

「xとyが比例しているとき、$y \div x$の値は
決　　　数になっています。」

093 次の x と y について、比例の関係になっているものをすべて選び、記号で答えましょう。

ア　x の値が $\frac{1}{2}$ 倍、$\frac{1}{3}$ 倍、…になると、y の値も $\frac{1}{2}$ 倍、$\frac{1}{3}$ 倍、…になる関係。

イ　x の値が 2 倍、3 倍、…になると、y の値が $\frac{1}{2}$ 倍、$\frac{1}{3}$ 倍、…になる関係。

ウ　$y \div x$ の値が、決まった数になる関係。

エ　$y \times x$ の値が、決まった数になる関係。

オ　x の値 × 決まった数 ＝ y の値　で表せる関係。

カ　x の値 × y の値 ＝ 決まった数　で表せる関係。

答え _____

094 次の x と y について、比例の関係になっているものをすべて選び、記号で答えましょう。

ア　1m の重さが 1.5kg の金属棒の長さ x m と重さ y kg の関係。

イ　3L の水が入っているびんから、くみ出す水 x L とびんに残る水 y L の関係。

ウ　底辺の長さが 20cm の三角形において、高さ x cm と面積 y cm^2 との関係。

エ　面積が 100cm^2 の長方形において、縦の長さ x cm と横の長さ y cm の関係。

答え _____

095 おぼんの上に同じ重さのおにぎりがたくさん並んでいます。おぼんの重さは 800g で、おにぎりをおぼんにのせたまま重さを量ると、4kg320g でした。

① おにぎりが何個あるかを計算して求めます。そのためには何を調べるとよいですか。

答え _____

② ①を調べたあと、どのような計算をしますか。☐にあてはまる数や言葉を書きましょう。

4kg320g = 4320g

4320 − 800 = 3520（g）

☐_____ ÷ お☐☐ 個の☐☐

③ どうして②のように計算できるのかを説明している、下の文の☐にあてはまる言葉を書きましょう。

「おにぎりの重さは、おにぎりの ☐ に比例するので、おにぎりの個数を全部数えなくても、おにぎり全部の重さをおにぎり１個の ☐ でわれば、全部のおにぎりの個数を求めることができます。」

096 縦の長さが 10cm、横の長さが 6cm の長方形があります。この長方形と面積が等しい長方形の縦の長さと横の長さの関係を調べましょう。

① 縦の長さが 20cm の長方形の横の長さは何 cm ですか。□ にあてはまる数を書き、答えましょう。

$$10 × 6 = 60 \,(cm^2)$$

$$60 ÷ 20 = \boxed{}$$

答え： 3cm

② 次の表の空らんにあてはまる数を書きましょう。

縦の長さ (cm)	1	2	3	4	5	6
横の長さ (cm)	60	30	20			

③ 縦の長さが 2 倍になると、横の長さは何倍になりますか。また、縦の長さが 3 倍になると、横の長さは何倍になりますか。

考え方

┌─── 3倍 ───┐
┌ 2倍 ┐   ┌──── 2倍 ────┐

縦の長さ (cm)	1	2	3	4	5	6
横の長さ (cm)	60	30	20	15	12	10

$\frac{1}{2}$倍 $\frac{1}{2}$倍
$\frac{1}{3}$倍

縦の長さが 2 倍、3 倍…となると、横の長さが $\frac{1}{2}$ 倍、$\frac{1}{3}$ 倍…になるような、2 つの数量の関係を反比例というんだ

答え： （順に） $\frac{1}{2}$倍、$\frac{1}{3}$倍

ポイント

2つの数量 x と y が反比例しているとき

- x の値が 2 倍、3 倍…となると、
  y の値は $\frac{1}{2}$ 倍、$\frac{1}{3}$ 倍…となります。
- (決まった数)÷(x の値)＝(y の値)
  と表せます。

2つの数量 x と y が反比例している
ときは、
(決まった数)÷(x の値)＝(y の値)や
(x の値)×(y の値)＝(決まった数)の
ように表せるんだ

---

097 次の 2 つの数量 x と y の関係が反比例であるものを選び、
記号で答えましょう。

ア　1 L の重さが 200g のジュースの体積 x L と重さ y g の関係。

イ　面積が 30cm² である三角形の底辺の長さ x cm と高さ y cm の関係。

考え方 ア

体積(xL)	0	1	2	3	4	5
重さ(y g)	0	200	400	600	800	1000

体積が 2 倍、3 倍…と増えると、重さも増えていきます（$\frac{1}{2}$ 倍、$\frac{1}{3}$ 倍
…にはなりません）から、反比例の関係ではありません。

イ　三角形の面積は、底辺の長さ×高さ÷2　で求められます。

底辺の長さ(x cm)	1	2	3	4	5	6
高さ(y cm)	60	30	20	15	12	10

底辺の長さがが 2 倍、3 倍…と増えると、高さが $\frac{1}{2}$ 倍、$\frac{1}{3}$ 倍…になっ
ていますから、反比例の関係です。

答え：　イ

098　**096** や **097** イの関係をことばの式に表してみましょう。

096　60 ÷縦の 長 さ x ＝ 横の 長 さ y

097 イ　60 ÷底辺の 長 さ x ＝ 高 さ y

099 180L 入る水そうに、一定の割合で水を入れ、満水になる
までの時間を調べます。

1 表の空らんにあてはまる数を書きましょう。

1分間に入れる水の量(L)	5	10	15	20	25	30
満水までの時間(分)	36	18				

計算　1分間に入れる水の量が 5L のとき　　180 ÷ 5 = 36
　　　1分間に入れる水の量が 10L のとき　180 ÷ 10 = 18
　　　1分間に入れる水の量が 15L のとき　180 ÷ ☐ = ☐
　　　1分間に入れる水の量が 20L のとき　180 ÷ ☐ = ☐
　　　1分間に入れる水の量が 25L のとき　☐ ÷ ☐ = ☐
　　　1分間に入れる水の量が 30L のとき　☐ ÷ ☐ = ☐

2 ❶の表で1分間に入れる水の量が 2 倍、3 倍…となると、満水まで
の時間はどのように変わりますか。

考え方　1分間に入れる水の量が 5L から 10L へ 2 倍になると、満
水までの時間は 36 分から 18 分へ $\frac{1}{2}$ 倍になっています。

答え：☐ 倍、☐ 倍…となります

3 1分間に入れる水の量を x L、満水までの時間を y 分とすると、x と
y の関係はどのような式で表せますか。

答え：180 ÷ x = ☐

4 このような x と y の関係を何といいますか。漢字 3 文字で答えましょう。

答え：☐☐比

100 次の表で、x と y が反比例の関係になっているものを選び、記号で答えましょう。

ア
x	1	2	3	4	5
y	5	10	15	20	25

イ
x	10	20	30	40	50
y	90	80	70	60	50

ウ
x	1	2	4	5	10
y	100	50	25	20	10

考え方 x の値が 2 倍、3 倍…となると、y の値が $\frac{1}{2}$ 倍、$\frac{1}{3}$ 倍…になっているかどうかを調べる以外に、x と y の関係を式に表して、（決まった数）÷ x ＝ y や x × y ＝（決まった数）となるかを調べても OK です。

ア y を x でわるとどの列も 5 ですから、$5 \times x = y$ のように表せ、比例です。

x	1	2	3	4	5
y	5	10	15	20	25
$y \div x$	5	5	5	5	5

イ x と y をたすとどの列も 100 ですから、$100 - x = y$ のように表せ、比例でも反比例でもありません。

x	10	20	30	40	50
y	90	80	70	60	50
$y + x$	100	100	100	100	100

ウ x と y をかけるとどの列も 100 ですから、$100 \div x = y$ のように表せ、反比例です。

x	1	2	4	5	10
y	100	50	25	20	10
$y \times x$	100	100	100	100	100

答え： ウ

小6-10 反比例

101 バスが 120km のきょりを走ります。バスが走る速さを時速 x km、走る時間を y 時間として、x と y の関係を調べましょう。

／2

1 表の空らんにあてはまる数を書きましょう。

x(km/時)	10	20	30	40	60
y(時間)					

2 x と y の関係を式で表しましょう。

答え ＿＿＿＿＿＿＿＿＿＿ ＝ y

102 次は反比例の関係にある x と y についての表です。表の空らんにあてはまる数を書きましょう。

／3

1

x	1	2	4		10
y	100	50		20	

2

x	1	2	3	4	
y	24	12			3

3

x	1	1.5	2	2.5	3
y	6	4			

103 次の表について、以下の問いに答えましょう。 /5

x	1	1.5	2	2.5	3
y	15	10	7.5	6	5

1 xの値が2倍、3倍となると、yの値はどのように変わりますか。

答え　yの値は ＿＿＿＿＿＿＿＿＿ になります

2 xとyの関係を式で表しましょう。

答え ＿＿＿＿＿＿＿＿＿

3 xとyの関係を何といいますか。漢字で答えましょう。

答え ＿＿＿＿＿＿＿＿＿

4 表の空らんにあてはまる数を書きましょう。

x	1	1.5	2	2.5	3
y	15	10	7.5	6	5
$x×y$の値	15				

5 次の文の □ にあてはまる言葉を書きましょう。

「xとyが反比例しているとき、$x×y$の値は 決□□□数 になっています。」

104 次の x と y について、反比例の関係になっているものをすべて選び、記号で答えましょう。

ア　x の値が 2 倍、3 倍、…になると、y の値も 2 倍、3 倍、…になる関係。

イ　x の値が 2 倍、3 倍、…になると、y の値が $\frac{1}{2}$ 倍、$\frac{1}{3}$ 倍、…になる関係。

ウ　$y \times x$ の値が、決まった数になる関係。

エ　$y \div x$ の値が、決まった数になる関係。

オ　x の値 × 決まった数 ＝ y の値　で表せる関係。

カ　x の値 × y の値 ＝ 決まった数　で表せる関係。

答え

105 次の x と y について、反比例の関係になっているものをすべて選び、記号で答えましょう。

ア　面積が 144cm² の長方形において、縦の長さ x cm と横の長さ y cm の関係。

イ　長さ 18cm のロウソクにおいて、燃えた長さ x cm と残っている長さ y cm の関係。

ウ　時速 40km の自動車が x km の道のりを進むのに y 時間かかるときの x と y の関係。

エ　びんに 1800mL のジュースを入れるとき、1 分間に入れるジュース x mL と入れる時間 y 分との関係。

答え

106 240cm³ の水を、いろいろな大きさ
の直方体の形をした容器に入れます。
ただし、容器の厚さは考えません。

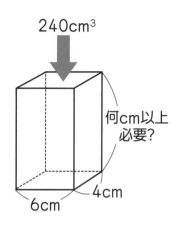
240cm³
何cm以上
必要？
4cm
6cm

① 底面の縦（たて）の長さが 4cm、横の長さが 6cm
の長方形のとき、240cm³ の水を入れる
ために必要な容器の高さを求めましょう。

答え _____ cm

② 底面の長方形の面積 x cm² を変えると、水を入れるために必要な容
器の高さ y cm がどのように変わるかを調べて、表に書きましょう。

長方形の面積（x cm²）	6	8	10	12	15
容器の高さ（y cm）					

計算

長方形の面積が 6cm² のとき _____ =

長方形の面積が 8cm² のとき _____ =

長方形の面積が 10cm² のとき _____ =

長方形の面積が 12cm² のとき _____ =

長方形の面積が 15cm² のとき _____ =

③ ②から考えられることをまとめました。 ☐ にあてはまる言葉や数を
書きましょう。

「直方体の形をした、体積が等しい容器アと容器イがあっ
て、底の長方形の面積が、容器アは 10cm²、容器イは
20cm² のとき、容器の ☐ は底の面積に反比例する
ので、容器アの高さは容器イの高さの ☐ 倍です。」

つまずきをなくす
説明

グラフのかき方

1. 方眼用紙に横軸と縦軸をかきます。

2. 横軸と縦軸の交わった点を０（ゼロ）とします。

3. 横軸に x の値を０から右へ１、２、３…と目もります。
   縦軸に y の値を０から上へ１、２、３…と目もります。

4. 対応する x、y の値の組を表す点を打ちます。

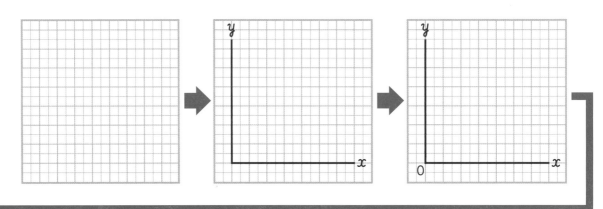

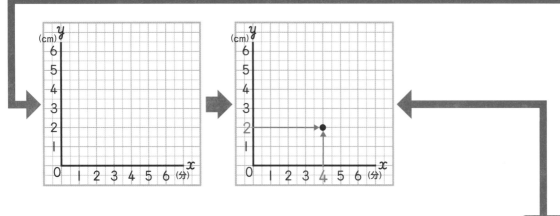

x（分）	0	1	2	3	4
y（cm）	0	0.5	1	1.5	2

x の値が４、y の値が２の組

横軸に x、縦軸に
y を書くんだ

88

ポイント

比例のグラフは、横軸と縦軸の交わった点を通る直線です。

---

107 長さが 1m、重さが 2kg の金属棒があります。これと同じ材料、同じ太さの金属棒について、長さ x m と重さ y kg の関係を調べます。

① 次の表の空らんにあてはまる数を書きましょう。

x（m）	0	1	3	4	5	6
y（kg）	0	2	6	8		

② このような x と y の関係を何といいますか。

答え：比 □

③ ①の表から、対応する x、y の値の組を表す点をとりましょう。

点を書きこむことを
「点をとる」というよ

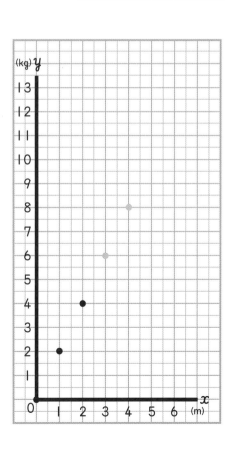

④ ③の点を順に直線でつないでみましょう。

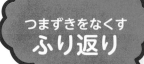

108 1分間に深さ 0.5cm の水がたまるように、水そうに水を入れます。

① 表の空らんにあてはまる数を書きましょう。

時間（分）	0	1	2	3	4	5
深さ（cm）	0	0.5				

② このような x と y の関係を何といいますか。漢字2文字で答えましょう。

答え： [ ][ ]

③ ①の表から、対応する x、y の値（あたい）の組を表す点をグラフにとり、順につなぎましょう。

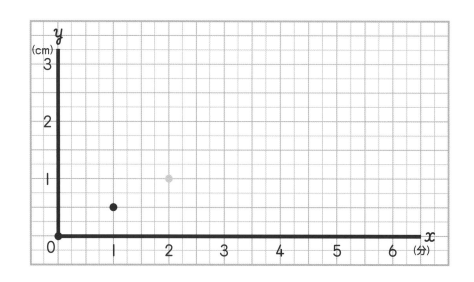

0をつなぎ忘（わす）れ
ないようにね

109 面積が 12cm² の長方形があります。この長方形の縦の長さ x cm と横の長さ y cm の関係を調べましょう。

① 表の空らんにあてはまる数を書きましょう。

x（cm）	1	1.5	2	3	4	6
y（cm）	12	8				

② このような x と y の関係を何といいますか。漢字３文字で答えましょう。

答え： ☐ ☐ ☐

③ ①の表から、対応する x、y の値の組を表す点をグラフにとり、順に結びましょう。

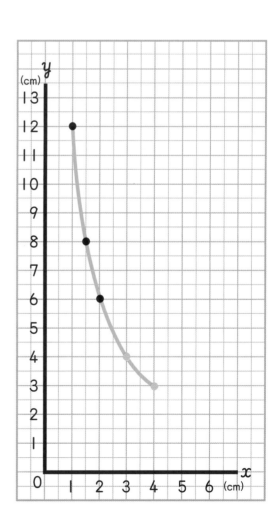

反比例のグラフは、なめらかな曲線になるんだ

小6-11 比例と反比例のグラフ

110 電車が秒速 20m の速さで走っています。電車が x 秒間走ったときの道のり y m の関係を調べましょう。 / 4

❶ 表の空らんにあてはまる数を書きましょう。

x （秒間）	0	1	2	3	4	5
y （m）						

❷ ❶の表から、対応する x、y の値の組を表す点をグラフにとり、順につなぎましょう。

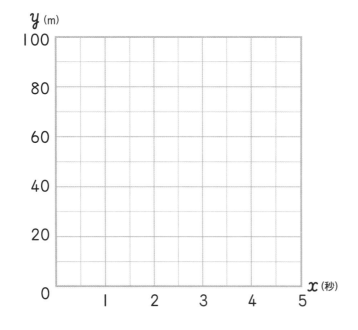

❸ ❷のグラフから、x の値が 2.5 のときの y の値を読み取りましょう。

答え _____

❹ グラフが 0 を通る直線になっていることから、x と y がどのような関係になっているといえますか。漢字 2 文字で答えましょう。

答え _____

111 容積が 360cm³ の容器にいっぱいまで水を入れます。水を１分間に x cm³ の割合（わりあい）で入れたときにかかる時間 y 分として、x と y の関係を調べましょう。

／3

① 表の空らんにあてはまる数を書きましょう。

x （cm³）	10	20	30	40	60	90
y （分）						

② ①の表から、対応する x、y の値（あたい）の組を表す点をグラフにとり、順につなぎましょう（つなぐ点がない場合も、方眼いっぱいまでつないでかくようにしましょう）。

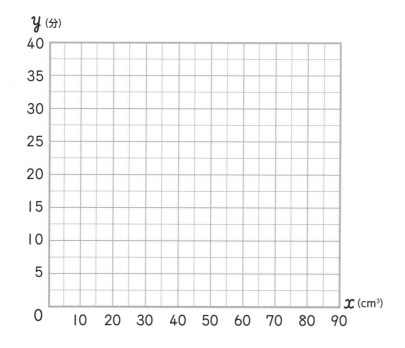

③ グラフがなめらかな曲線になっていることから、x と y がどのような関係になっているといえますか。漢字３文字で答えましょう。

答え _____

112 グラフは下の長方形について、横の長さ x cm と面積 y cm² の関係を表しています。

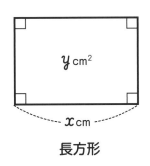

長方形

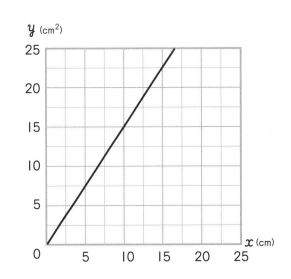

1 グラフを読み取って、表の空らんにあてはまる数を書きましょう。

x (cm)	0	5	10	15
y (cm²)				

2 x と y の関係を何といいますか。漢字で答えましょう。

答え _____

3 x と y の関係を式にしましょう。

答え _____ $= y$

4 x の値が 20 のときの y の値を答えましょう。

答え _____

5 この長方形の縦の長さは何 cm ですか。

答え _____ cm

113 グラフは下の長方形について、横の長さ x cm と縦の長さ y cm の関係を表しています。

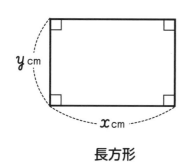

長方形

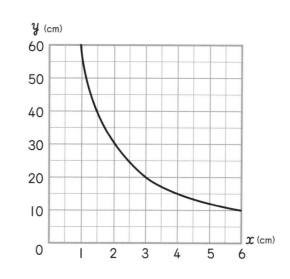

① グラフを読み取って、表の空らんにあてはまる数を書きましょう。

x（cm）	1	2	3	4	6
y（cm）					

② x と y の関係を何といいますか。漢字で答えましょう。

答え ＿＿＿＿＿＿＿＿＿＿

③ x と y の関係を式にしましょう。

答え ＿＿＿＿＿＿＿＿ ＝ y

④ x の値が 5 のときの y の値を答えましょう。

答え ＿＿＿＿＿＿＿＿＿＿

⑤ この長方形の面積は何 cm² ですか。

答え ＿＿＿＿＿ cm²

コラム

ピキ君、ニャンキチ君、ピコエさんの3人が、次の問題を解きました。

問題

ドーリル運送はルリード商店の品物を運ぶとき、品物の個数と運ぶきょりに比例した運賃をもらう約束をしていて、品物6個を10km運ぶときの運賃は3600円です。品物10個を12km運ぶときの運賃は何円ですか。

あなたは、だれの考え方に賛成ですか。

ピキ君

> 1個を1km運ぶときの運賃がわかればいいんだ

運ぶきょりが10kmのときの運賃

品物の個数	1個	2個	3個	4個	5個	6個
運賃	600円					3600円

÷6

運ぶ個数が1個のときの運賃

運ぶきょり	1km	2km	3km	4km	…	10km
	60円					600円

÷10

品物1個を1km運ぶと60円ですから、
品物10個を1km運ぶと600円、
品物10個を12km運ぶと7200円 です。

答え 7200円

ニャンキチ君

> 面積図で考えるニャン

3600 × 2 = 7200

答え 7200円

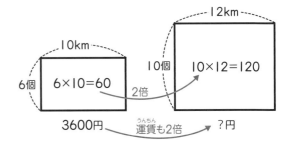

ピコエさん

> 割合が使えそうだね

運ぶ個数は 10 ÷ 6 = $\frac{5}{3}$ 倍、運ぶきょりは 12 ÷ 10 = $\frac{6}{5}$ 倍だから、

$3600 × \frac{5}{3} × \frac{6}{5} = 7200$

答え 7200円

CHAPTER

5

文章題

114 63円切手と84円切手を合わせて10枚買うと、代金は714円でした。それぞれ何枚買いましたか。

考え方 表を書いて調べます。「もし、63円切手ばかり10枚買ったとしたら～」「もし、63円切手を9枚、84円切手を1枚買ったとしたら～」…のように、順々に調べます。

63円切手の枚数(枚)	10	9	8	7	6
63円切手の代金(円)	630	567	504	441	378
84円切手の枚数(枚)	0	1	2	3	4
84円切手の代金(円)	0	84	168	252	336
全部の代金(円)	630	651	672	693	714

答え：63円切手　6枚、84円切手　4枚

115 63円切手と84円切手を合わせて10枚買うと、84円切手の代金の方が252円高くなりました。それぞれ何枚買いましたか。

考え方 表を書いて調べます。84円切手の代金の方が高いので、「もし、84円切手ばかり10枚買ったとしたら～」から、順に調べます。

「もし、○○ばかりだったとしたら～」から順に調べるのがコツだね

84円切手の枚数(枚)	10	9	8	7	6
84円切手の代金(円)	840	756	672	588	504
63円切手の枚数(枚)	0	1	2	3	4
63円切手の代金(円)	0	63	126	189	252
代金の差(円)	840	693	546	399	252

答え：63円切手　4枚、84円切手　6枚

ポイント

表を作るときは「小さい順」「大きい順」のように、順序よく調べます。

---

116 ある商店では、おまんじゅうが 3 個入った箱と 5 個入った箱で売られています。おまんじゅうを 20 個買うとき、それぞれ何箱買えばよいですか（どちらか一方の箱だけを買ってもかまいません）。

考え方 どちらか一方の箱だけを買う場合から、順に調べていきます。

20÷3 はわり切れないけれど、20÷5 はわり切れるので、5 個入りの箱ばかりを買うことからの方が調べやすいね

5 個入りの箱（箱）	4	3	2	1	0
おまんじゅうの個数（個）	20	15	10	5	0
残りのおまんじゅうの個数（個）	0	5	10	15	20
3 個入りの箱（箱）	0	×	×	5	×

答え： 5 個入りの箱だけを 4 箱、3 個入りの箱を 5 箱と 5 個入りの箱を 1 箱

---

117 長さ 40cm の針金（はりがね）を折り曲げて長方形や正方形を作ります。面積が一番大きくなるときの縦（たて）、横の長さをそれぞれ求めましょう（針金（はりがね）の太さは考えません）。

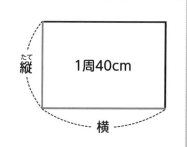

考え方 縦（たて）と横の長さの和が 20cm になることに気をつけましょう。

縦（たて）の長さ(cm)	1	2	3	4	5	6	7	8	9	10	11
横の長さ(cm)	19	18	17	16	15	14	13	12	11	10	9
面積（cm²）	19	36	51	64	75	84	91	96	99	100	99

答え： 縦（たて）の長さ 10cm、横の長さ 10cm

小6-12 表と文章題

118 50円切手と120円切手を合わせて10枚買うと、代金は780円でした。それぞれ何枚買いましたか。表の空らんにあてはまる数を書いて、答えを求めましょう。

考え方

50円切手の枚数(枚)	10	9	8	7	6
50円切手の代金(円)	500	450	400		
120円切手の枚数(枚)	0	1	2		
120円切手の代金(円)	0	120	240		
全部の代金(円)	500	570	640		

答え：50円切手　6枚、120円切手　4枚

119 50円切手と120円切手を合わせて10枚買うと、120円切手の代金の方が520円高くなりました。それぞれ何枚買いましたか。表の空らんにあてはまる数を書いて、答えを求めましょう。

考え方

120円切手の枚数(枚)	10	9	8	7	6
120円切手の代金(円)	1200	1080	960		
50円切手の枚数(枚)	0	1	2		
50円切手の代金(円)	0	50	100		
代金の差(円)	1200	1030	860		

答え：50円切手　4枚、120円切手　6枚

120 ある商店では、リンゴが 3 個入りのかごと 5 個入りのかごで売られています。リンゴを 24 個買うとき、それぞれ何かご買えばよいですか（どちらか一方のかごだけを買ってもかまいません）。

考え方

3 個入りのかご（かご）	8	7	6	5							
リンゴの個数（個）	24	21	18	15							
残りのリンゴの個数（個）	0	3	6	9							
5 個入りのかご（かご）	0	×	×	×							

答え： 3 個入りのかごだけを 8 かご、3 個入りのかごを 3 かごと 5 個入りのかごを 3 かご

121 長さ 32cm の針金を折り曲げて長方形や正方形を作ります。面積が一番大きくなるときの縦、横の長さをそれぞれ求めましょう（針金の太さは考えません）。

考え方

縦の長さ（cm）	1	2	3	4						
横の長さ（cm）	15	14	13							
面積（cm²）	15	28	39							

答え： 縦の長さ　8cm、横の長さ　8cm

小6-12 表と文章題

122 テニスボールが2個入ったかんと12個入った箱を合わせて8個用意して、テニスボールを56個そろえます。それぞれ何個用意すればよいですか。必要であれば、下の表を利用してもかまいません。

12個入りの箱（個）	8				
テニスボールの個数（個）	96				
テニスボールの合計（個）	96				

答え かん　　　　個、箱　　　　個

123 リンゴ5個入りのかごとミカン10個入りのかごを合わせて10かご買うと、ミカンの方が40個多くなりました。それぞれ何かご買いましたか。必要であれば、下の表を利用してもかまいません。

リンゴ5個入りのかご（かご）	0				
リンゴの個数（個）	0				
個数の差（個）					

答え リンゴ　　　　かご、ミカン　　　　かご

124

ある商店では、えん筆が6本セットと12本セットで売られています。えん筆を60本買うとき、何通りの買い方がありますか（どちらか一方のセットだけを買ってもかまいません）。

6本セット(セット)									
えん筆の本数(本)									
残りのえん筆(本)									
12本セット(セット)									

答え　　　　　通り

125

長さ50cmのさくが10個あります。これらをすきまなく並べて、校庭のすみに長方形や正方形の花だんを作ります。花だんの面積が最も大きくなるとき、縦、横にそれぞれいくつのさくを並べるとよいですか。

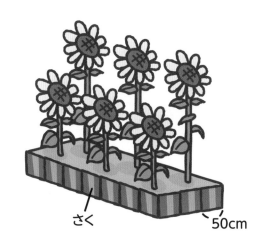

さく　　　50cm

縦に並べるさく(個)	1					
縦の長さ(cm)	50					
横に並べるさく(個)	9					
横の長さ(cm)	450					
花だんの面積(cm²)	22500					

答え　縦　　　個、横　　　個

126 子ども会で、シュークリーム 3 個入りの箱と 8 個入りの箱を合わせて 20 箱買い、シュークリームを 120 個そろえます。

❶ 下の表を完成させましょう。

3 個入りの箱(箱)	20	19	18		
シュークリーム(個)	60	57	54		
8 個入りの箱(箱)	0	1	2		
シュークリーム(個)	0	8			
シュークリームの合計(個)	60	65			

❷ 表の「シュークリームの合計（個）」について、気づいたことを書きました。□にあてはまる数や言葉を書きましょう。

3 個入りの箱が 1 箱減り、代わりに 8 個入りの箱が 1 箱増えると、シュークリームの合計の個数は □ 個 □ えています。

❸ ❷でわかったことを利用して、答えを計算で求めます。□にあてはまる数を書いて、それぞれ何箱買えばよいかを求めましょう。

もし、3 個入りの箱ばかり 20 箱買うと、シュークリームの個数は全部で、

3 × □ = □ （個） です。

必要なシュークリームは 120 個ですから、60 個不足しています。そこで、3 個入りの箱を 1 箱買うのをやめ、代わりに 8 個入りの箱を 1 箱買うと、シュークリームの個数は 5 個増えますから、3 個入りの箱の代わりに 8 個入りの箱を

60 ÷ 5 = □ （箱） 買うと、シュークリームの個数が 120 個になります。

答え 3 個入り □ 箱、8 個入り □ 箱

127 子ども会で、ミカン 8 個入りのかごと 15 個入りのかごを合わせて 20 かご買い、ミカンを 223 個そろえます。

❶ 下の表を完成させましょう。

8 個入りのかご（かご）	20	19	18		
ミカン（個）	160	152	144		
15 個入りのかご（かご）	0	1	2		
ミカン（個）	0	15			
ミカンの合計（個）	160	167			

❷ 表の「ミカンの合計（個）」について、気づいたことを書きました。□ にあてはまる数や言葉を書きましょう。

8 個入りのかごが 1 かご減り、代わりに 15 個入りのかごが 1 かご増えると、ミカンの合計の個数は ☐ 個 ☐ えています。

❸ ❷でわかったことを利用して、答えを計算で求めます。□ にあてはまる数を書いて、それぞれ何かご買えばよいかを求めましょう。

もし、8 個入りのかごばかり 20 かご買うと、ミカンの個数は全部で、

8 × ☐ = ☐ （個） です。

必要なミカンは 223 個ですから、☐ 個不足しています。そこで、8 個入りのかごを 1 かご買うのをやめ、代わりに 15 個入りのかごを 1 かご買うと、ミカンの個数は ☐ 個増えますから、8 個入りのかごの代わりに 15 個入りのかごを

☐ ÷ ☐ = ☐ （かご） 買うと、ミカンの個数が 223 個になります。

答え 8 個入り ☐ 箱、15 個入り ☐ 箱

つまずきをなくす
説明

128 ピキ君は家から駅まで、歩いて行くと 20 分、走って行くと 5 分かかります。

1 ピキ君が 1 分間に歩く道のりは、家から駅までのどれだけにあたりますか。分数で答えましょう。

1 分は 20 分の $\frac{1}{20}$ だね

考え方

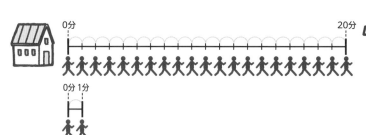

答え： $\frac{1}{20}$

2 ピキ君が家から駅へ行くのに、家から 12 分歩いたあと、何分か走って駅に着きました。ピキ君が歩いた道のりは、家から駅までのどれだけにあたりますか。分数で答えましょう。

考え方　　**1**で、ピキ君が 1 分間に歩く道のりは家から駅までの $\frac{1}{20}$ とわかりましたから、12 分間ではその 12 倍を歩くことができます。

$$\frac{1}{20} \times 12 = \frac{3}{5}$$

答え： $\frac{3}{5}$

3 **2**で、ピキ君は何分間走りましたか。1 分間に走る道のりが、家から駅までのどれだけにあたるかを求めて考えましょう。

考え方

1と同じように考えると、ピキ君が 1 分間に走る道のりは家から駅までの $\frac{1}{5}$ とわかります。また、**2**から、残りの道のりは

$$1 - \frac{3}{5} = \frac{2}{5}$$ です。

ですから、$\frac{2}{5} \div \frac{1}{5} = 2$ （分間）

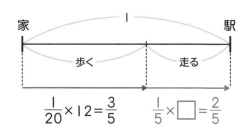

答え： **2** 分間

ポイント

・全体を１とします。
・道のりや面積の代わりに、時間で考えることができます。

129 かべにペンキをぬります。ピコエさんが１人でぬると３時間、
ニャンキチ君が１ぴきでぬると６時間かかります。

1 ピコエさんが１時間にぬるかべは、かべ全体のどれだけにあたります
か。また、ニャンキチ君が１時間にぬるかべは、かべ全体のどれだけ
にあたりますか。分数で答えましょう。

考え方

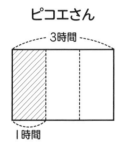
ピコエさん

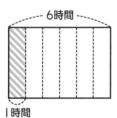
ニャンキチ君

> どれだけの広さを
> ぬれるかは、時間
> でも考えることが
> できるんだ

答え： ピコエさん $\dfrac{1}{3}$ 、ニャンキチ君 $\dfrac{1}{6}$

2 ピコエさんとニャンキチ君が協力してこのかべをぬると、何時間でぬ
り終えますか。

考え方

> かべ全体の広さを
> １とするんだよ

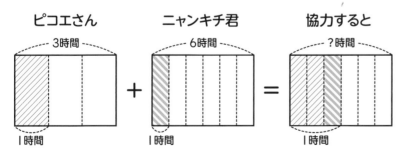

ですから、 $1 \div \dfrac{1}{2} = 2$

答え： ２時間

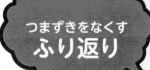
小6-13 割合の文章題

130 ピキ君は家から図書館まで、歩いて行くと12分、走って行くと4分かかります。

① ピキ君が1分間に歩く道のりは、家から図書館までのどれだけにあたりますか。分数で答えましょう。

考え方

家 ⌒12分⌒ 図書館
1分

全体の道のり1を12分で歩きます。
ですから、

$1 \div 12 = \dfrac{1}{12}$

答え：$\dfrac{1}{12}$

② ピキ君が1分間に走る道のりは、家から図書館までのどれだけにあたりますか。分数で答えましょう。

考え方

家 ⌒4分⌒ 図書館
1分

全体の道のり1を4分で走ります。
ですから、

$\square \div 4 = \dfrac{1}{4}$

答え：$\dfrac{1}{4}$

③ ピキ君が家から図書館へ行くのに、家から9分歩いたあと、何分か走って図書館に着きました。ピキ君は、家から図書館まで行くのに何分間かかりましたか。

考え方

走った道のりが全体のどれだけにあたるのかを求めて解きます。

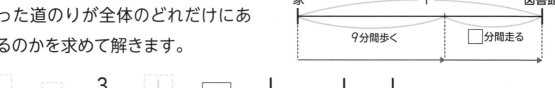

家 1 図書館
9分間歩く ☐分間走る

$\dfrac{1}{12} \times 9 = \dfrac{3}{4}$ 　 $\dfrac{1}{4} \times \square = \dfrac{1}{4}$ → $\dfrac{1}{4} \div \dfrac{1}{4} = 1$ （分間）

$1 - \dfrac{3}{4} = \dfrac{1}{4}$

$9 + 1 = 10$ （分間）

答え：10 分間

131 かべにペンキをぬります。ピコエさんが1人でぬると9時間、ニャンキチ君が1ぴきでぬると18時間かかります。

① ピコエさんが1時間にぬるかべの広さは、かべ全体のどれだけにあたりますか。分数で答えましょう。

考え方 かべ全体の広さを1とします。

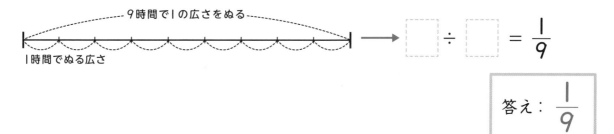

$$\boxed{} \div \boxed{} = \frac{1}{9}$$

答え：$\dfrac{1}{9}$

② ニャンキチ君が1時間にぬるかべの広さは、かべ全体のどれだけにあたりますか。分数で答えましょう。

考え方

18時間で広さ1のかべ全体をぬります。

$$\longrightarrow \boxed{} \div \boxed{} = \frac{1}{18}$$

答え：$\dfrac{1}{18}$

③ ピコエさんとニャンキチ君が協力してこのかべをぬると、何時間でぬり終えますか。

考え方 ピコエさんは1時間でかべ全体の$\dfrac{1}{9}$をぬり、ニャンキチ君は1時間でかべ全体の$\dfrac{1}{18}$をぬりますから、あわせて$\dfrac{1}{9}+\dfrac{1}{18}=\dfrac{1}{6}$の広さのかべを1時間でぬることができます。

$\dfrac{1}{6}×\boxed{}$時間$=1$

1時間で$\dfrac{1}{6}$をぬる

$$\boxed{} \div \boxed{} = 6$$

答え：6時間

小6-13 割合の文章題

132 ピキ君は家から市役所まで、歩いて行くと 24 分、自転車で
行くと 4 分かかります。 ／4

❶ ピキ君が 1 分間に歩く道のりは、家から市役所までのどれだけにあた
りますか。分数で答えましょう。

答え _____

❷ ピキ君が自転車で 1 分間に進む道のりは、家から市役所までのどれだ
けにあたりますか。分数で答えましょう。

答え _____

❸ ピキ君が家から市役所へ自転車に乗って行きましたが、家から 3 分進
んだところで自転車が故障したので、すぐに自転車を置いて歩き始め
ました。家から自転車が故障した場所までの道のりは、家から市役所
までの道のりのどれだけにあたりますか。分数で答えましょう。

答え _____

❹ ❸のとき、ピキ君は家から市役所まで行くのに何分間かかりましたか。

答え _____ 分間

133 かべにペンキをぬります。ピコエさんが1人でぬると20分、ニャンキチ君が1ぴきでぬると30分かかります。 ／4

1 ピコエさんが1分間にぬるかべの広さは、かべ全体のどれだけにあたりますか。分数で答えましょう。

答え _____

2 ニャンキチ君が1分間にぬるかべの広さは、かべ全体のどれだけにあたりますか。分数で答えましょう。

答え _____

3 ピコエさんとニャンキチ君が協力してこのかべをぬると、1分間にぬるかべの広さは、かべ全体のどれだけにあたりますか。分数で答えましょう。

答え _____

4 ピコエさんとニャンキチ君が協力してこのかべをぬると、何分間でぬり終えますか。

答え _____ 分間

134 ピキ君はお母さんから 1000 円を預かってお使いに行きました。はじめに果物屋さんに行き、持っていたお金の $\frac{1}{4}$ でミカン 1 ふくろを買いました。次に魚屋さんに行き、ミカンを買った残りのお金の $\frac{4}{5}$ でサンマを 3 びき買いました。

❶ ミカンを買った残りのお金は、はじめに持っていたお金のどれだけにあたりますか。分数で答えましょう。

答え _____

❷ サンマを買った代金は、はじめに持っていたお金のどれだけにあたりますか。下の図を参考に、分数で答えましょう。

みかんを買った残りのお金ははじめに持っていたお金の $\dfrac{}{4}$ で、サンマの代金はその $\frac{4}{5}$ です。

$$\frac{}{4} \times \frac{4}{5} = \frac{}{}$$

答え _____

❸ サンマを買った代金は、何円ですか。
❷の答えを利用して計算しましょう。

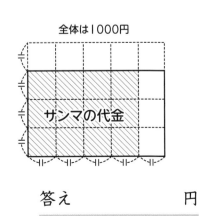

答え _____ 円

135 ピコエさんはお母さんから1500円を預かってお使いに行きました。はじめに八百屋さんに行き、持っていたお金の $\frac{1}{3}$ でキャベツ1個と大根1本を買いました。次に肉屋さんに行き、野菜を買った残りのお金の $\frac{4}{5}$ でぶた肉を300g買いました。

1 野菜を買った残りのお金は、はじめに持っていたお金のどれだけにあたりますか。分数で答えましょう。

答え _____

2 ぶた肉を買った代金は、はじめに持っていたお金のどれだけにあたりますか。下の図を参考に、分数で答えましょう。

答え _____

3 ぶた肉を買った代金は、何円ですか。**2**の答えを利用して計算しましょう。

答え _____ 円

ピキ君、ニャンキチ君、ピコエさんの3人が、
次の問題を解きました。

問題

ウサ子さんは、一本杉から山のふもとまで走っていくと8分、一輪車に乗っていくと12分かかります。ある日、ウサ子さんは一輪車に乗って一本杉から山のふもとに向けて出発しましたが、とちゅうで一輪車がパンクしたので、すぐにそこから走っていくと、一本杉を出てから11分後に山のふもとに着きました。ウサ子さんは何分間走りましたか。

 ウサ子さんは一輪車に乗ると1分間にどれだけ進むのかな？

一本杉から山のふもとまでの道のりが、もし240mあったとして考えてみるニャン

 240mだとすると、240 ÷ 12 = 20 だから、1分間に20m進むよ

 走ったときはどう？

240 ÷ 8 = 30 なので、1分間に30m進むニャン

 じゃあ、一本杉から山のふもとまでの道のりが、もし240mあったとすれば、一輪車に乗ると1分間で20m、走ると30mということだね

 こんなときは表にして調べるんじゃなかった？

書いてみるニャン

 できたね。ウサ子さんの走った時間は2分だ

一輪車で進む時間(分間)	11	10	9
一輪車で進む道のり(m)	220	200	180
走る時間(分間)	0	1	2
走る道のり(m)	0	30	60
道のりの合計(m)	220	230	240

 でも、道のりを240mと仮に決めたからじゃない？ 他の長さだとどうかな

 一本杉から山のふもとまでの道のりを480mや1200mに変えて調べてみましょう。

CHAPTER

6

およその数

（がい数）

つまずきをなくす
説 明

おさらい

次の数を（　　）に書かれた方法で、およその数にしましょう。

1 1864（切り上げで百の位までの数に）

考え方

百の位
↓
1 8 6 4 ➡ 1 8 6 4 $\xrightarrow{1800 + 100}$ 1 9 0 0

ここまで　　　　　　　　　　　　2けた

切り上げて 100 にする

答え： 1900

2 1864（四捨五入で百の位までの数に）

考え方

百の位
↓
1 8 6 4 ➡ 1 8 6 4 ➡ 1 8 6 4 ➡ 1 9 0 0

ここまで

5 以上の数は切り上げる

答え： 1900

3 1864（切り捨てで百の位までの数に）

考え方

百の位
↓
1 8 6 4 ➡ 1 8 6 4 ➡ 1 8 0 0

ここまで

切り捨てて 00 にする

答え： 1800

「～の位まで」のときは、その1けた
下の位の数に着目するんだ

116

ポイント

およその数のかけ算では、かけられる数、かける数、積を、どれも上から
同じけたまでのおよその数で表すようにします。

---

136 ピコエさんはお母さんから 2000 円を預かってお使いに行き、
1067 円分のお肉、584 円分のお野菜、216 円分のおかしを買
いました。おつりはおよそ何円ですか。四捨五入で百の位までの
およその数にしてから、計算しましょう（消費税は考えません）。

考え方

お肉 10|67円 ➡ 1100円　　お野菜 5|84円 ➡ 600円　　おかし 2|16円 ➡ 200円

ここまで　　　　　　　　　ここまで　　　　　　　　　ここまで

1100 ＋ 600 ＋ 200 ＝ 1900　　　2000 － 1900 ＝ 100

5 以上の数は切り上げ、
4 以下の数は切り捨てだ

答え： およそ 100 円

---

137 ある米屋さんの倉庫に、1 ふくろが 1864 円のお米が 234 ふくろ
あります。全部でおよそ何円になりますか。四捨五入で上から 2 け
たのおよその数にしてから、計算しましょう（消費税は考えません）。

考え方

上から 2 けた　　　上から 3 けた目を
　　　　　　　　　四捨五入する

|18|64円 ➡ 18|64円 ➡ 18|6̸4円 ➡ 1900円

上から 2 けた　　　上から 3 けた目を
　　　　　　　　　四捨五入する

|23|4ふくろ ➡ 23|4ふくろ ➡ 23|4̸ふくろ ➡ 230ふくろ

1900×230＝437000 ➡ 答えも上から 2 けたのおよその数にして、約 440000

かけ算のときは、積も「上から
□けた」を同じにしておこう

答え： およそ 440000 円

138 ピキ君はお母さんから1000円を預（あず）かってお使いに行き、289円のミカン、304円のバナナ、237円分のクリを買いました。おつりはおよそ何円ですか。四捨（ししゃ）五入（ごにゅう）で百の位までのおよその数にしてから、計算しましょう（消費税は考えません）。

考え方　百の位までのおよその数にするので、〔　〕の位の数を四捨五入（ししゃごにゅう）します。

ミカン　28̲9 ➡ 300 、バナナ　30̲4 ➡ 300 、クリ 〔　　〕 ➡ 〔　　〕

300 + 300 + 200 = 800　　　1000 − 800 = 200

答え： およそ 200 円

139 ニャンキチ君はピキ君からごはんにキャットフード58gを食器に入れてもらいました。しばらくしてピキ君が食器を調べてみると27g残っていました。ニャンキチ君が食べたキャットフードはおよそ何十gですか。

考え方　答えを十の位までのおよその数で求めるので、〔　〕の位の数を四捨五入（ししゃごにゅう）します。

はじめ　5̲8 ➡ 60

残り 〔　　〕 ➡ 〔　　〕

60 − 30 = 30

「何十gですか」ときかれたら、十の位までの数で答えよう

答え： およそ 30g

140 ピコエさんのおじいさんは、78a の田んぼでお米を作っています。ある年のお米の収穫量の全国平均は、1a あたり 53kg でした。同じ年にピコエさんのおじいさんの田んぼでは、およそ何 kg のお米が収穫できたと考えられますか。四捨五入で上から 1 けたまでのおよその数にしてから計算しましょう。

考え方　1a あたりの収穫量 **53** ➡ ☐

おじいさんの田んぼの面積 ☐ ➡ ☐

50 × 80 = 4000 ➡ 4000 は、
上から 1 けたのおよその数にしても 4000 です

答え：およそ **4000kg**

---

141 ピキ君のお父さんの故郷の町では、お正月におもちを無料で配って新年のお祝いをします。今年は 4850 人が集まる見こみなので、丸もち 26460 個を町で作りました。同じ数ずつ配るとき、1 人分を何個に見積もればよいですか。少なく見積もって計算をしましょう。

考え方　「丸もちの個数÷人数＝1 人分」なので、丸もちの個数を切り捨て、人数を切り上げて計算すると、1 人分を少なく見積もることができます。

切り捨てで上から　　　　　　　　　切り上げで上から
2 けたのおよその数にします　　　　1 けたのおよその数にします

丸もち **26460** ➡ **26000**、　人数 **4850** ➡ **5000**

26000 ÷ 5000 = 5.2 ➡ 5.2 を、
上から 1 けたのおよその数にすると 5

答え：およそ **5** 個

複雑な計算と見積もり
・複雑なかけ算
　（上から 1 けたのがい数）×（上から 1 けたのがい数）＝積 ➡ 上から 1 けたのがい数に直す
・複雑なわり算
　（上から 2 けたのがい数）÷（上から 1 けたのがい数）＝商 ➡ 上から 1 けたのがい数に直す

小6-14 およその数 (がい数) の計算

142 ピキ君の住んでいるドーリル町は、60さい以上の人が693人、20さい以上60さい未満の人が2041人、20さい未満の人が1108人住んでいます。ドーリル町の人口はおよそ何人ですか。四捨五入で百の位までのおよその数にしてから、計算しましょう。

`     /1`

答え　およそ　　　　　　　　人

143 ドーリル動物園の入園者は、昨日は1008人でしたが、今日は雨のため481人でした。昨日の入園者は今日の入園者よりおよそ何人多いですか。四捨五入で十の位までのおよその数にしてから、計算しましょう。

`     /1`

答え　およそ　　　　　　　　人多い

144 ドーリル市のある年（平年）の日照時間は、1日あたり5.27時間でした。この年（365日間）の日照時間の合計はおよそ何時間ですか。四捨五入で上から2けたのおよその数にしてから、計算しましょう。答えも上から2けたのおよその数にしましょう。

/1

答え　およそ　　　　　　時間

145 ピコエさんは小学校の遠足で、クリ拾いに行きました。学校に帰ってきて、6年生の132人が拾ったクリの個数を数えてみると、全部で2115個ありました。1人あたりおよそ何個のクリを拾いましたか。四捨五入で上から2けたのおよその数にしてから、計算しましょう。答えも上から2けたのおよその数にしましょう。

/1

答え　およそ　　　　　　個

146 | 日に必要なカロリーは、「基礎代謝量×身体活動レベル」という式で計算します。また、基礎代謝量は、「基礎代謝基準値×基準体重」という式で計算します。11 さいの男子の場合、基礎代謝基準値は 37.4 キロカロリー、基準体重は 35.5kg です。

1 11 さいの男子の基礎代謝量はおよそ何キロカロリーでしょう。四捨五入で上から 2 けたのおよその数にしてから、計算しましょう。答えも上から 2 けたのおよその数にしましょう。

答え　およそ　　　　　　キロカロリー

2 ある 11 さいの男子の身体活動レベルが 1.65 だとすると、この男子が | 日に必要なカロリーはおよそ何キロカロリーでしょう。四捨五入で上から 2 けたのおよその数にしてから、計算しましょう。答えも上から 2 けたのおよその数にしましょう。

答え　およそ　　　　　　キロカロリー

3 ❷の男子が | 年間に必要なカロリーはおよそ何キロカロリーでしょう。四捨五入で上から 2 けたのおよその数にしてから、計算しましょう。答えも上から 2 けたのおよその数にしましょう。

答え　およそ　　　　　　キロカロリー

147 ピコエさんのおばあさんの家ではお米を 8.24a の田んぼで作っています。

❶ 1a あたり 1497 株を育てているとすると、全部でおよそ何株ありますか。四捨五入で上から 2 けたのおよその数にしてから、計算しましょう。答えも上から 2 けたのおよその数にしましょう。

答え およそ ＿＿＿＿＿＿＿＿ 株

❷ ❶のとき、421.8kg の収穫があったとすると、ピコエさんのおばあさんの家では 1 株あたりおよそ何 g の収穫があったのでしょう。四捨五入で上から 2 けたのおよその数にしてから、計算しましょう。答えも上から 2 けたのおよその数にしましょう。

答え およそ ＿＿＿＿＿＿＿＿ g

❸ 1 株には穂が 20 でき、1 つの穂にお米が 80 粒実るそうです。❷の答えを利用して、お米 1 粒の重さがおよそ何 g かを求めましょう。四捨五入で上から 2 けたのおよその数にしてから、計算しましょう。答えは上から 1 けたのおよその数にしましょう。

答え およそ ＿＿＿＿＿＿＿＿ g

ピキ君、ニャンキチ君、ピコエさんの3人が、
次の問題を解きました。

問題

新1年生の入学かんげい会で「記念えん筆」を配ることにしました。「記念えん筆」は1本87円で、新1年生は92人です。新2年生から新6年生までの403人がそのために同じ金額を出し合います。何円ずつ出し合うとよいでしょう。

あなたは、だれの考え方に賛成ですか。

ピキ君

新1年生をおよそ100人、「記念えん筆」を1本90円、新2年生から新6年生を400人として計算するといいのかな？

$$90 \times 100 \div 400 = 22.5 \;\Rightarrow\; およそ23円$$

答え　23円

ニャンキチ君

新1年生をおよそ90人、「記念えん筆」を1本80円、新2年生から新6年生を410人として計算してみるニャン

$$80 \times 90 \div 410 = 17.5\cdots \;\Rightarrow\; およそ18円$$

答え　18円

ピコエさん

新1年生をおよそ90人、「記念えん筆」を1本90円、新2年生から新6年生を400人として計算してみるよ

$$90 \times 90 \div 400 = 20.25\cdots \;\Rightarrow\; およそ20円$$

答え　20円

西村則康（にしむら　のりやす）

名門指導会代表　塾ソムリエ

教育・学習指導に40年以上の経験を持つ。現在は難関私立中学・高校受験のカリスマ家庭教師であり、プロ家庭教師集団である名門指導会を主宰。「鉛筆の持ち方で成績が上がる」「勉強は勉強部屋でなくリビングで」「リビングはいつも適度に散らかしておけ」などユニークな教育法を書籍・テレビ・ラジオなどで発信中。フジテレビをはじめ、テレビ出演多数。

著書に、「つまずきをなくす算数・計算」シリーズ（全7冊）、「つまずきをなくす算数・図形」シリーズ（全3冊）、「つまずきをなくす算数・文章題」シリーズ（全6冊）、「つまずきをなくす算数・全分野基礎からていねいに」シリーズ（全2冊）のほか、『自分から勉強する子の育て方』『勉強ができる子になる「1日10分」家庭の習慣』『中学受験の常識 ウソ？ホント？』（以上、実務教育出版）などがある。

追加問題や楽しい算数情報をお知らせする『西村則康算数くらぶ』
のご案内はこちら━━▶

執筆協力／辻義夫、前田昌宏（中学受験情報局　主任相談員）、
高野健一（名門指導会算数科主任）

装丁／西垂水敦（krran）
本文デザイン・DTP／新田由起子（ムーブ）・草水美鶴
本文イラスト／さとうさなえ
制作協力／加藤彩

つまずきをなくす
小6　算数　計算　【改訂版】

2020年11月10日　初版第1刷発行
2024年 2 月10日　初版第2刷発行

著　者　西村則康
発行者　淺井　亨
発行所　株式会社 実務教育出版
　　　　〒163-8671　東京都新宿区新宿1-1-12
　　　　電話　03-3355-1812（編集）　03-3355-1951（販売）
　　　　振替　00160-0-78270

印刷／精興社　　製本／東京美術紙工

©Noriyasu Nishimura 2020　ISBN978-4-7889-1977-8　C6041　Printed in Japan
乱丁・落丁本は小社にておとりかえいたします。
本書の無断転載・無断複製（コピー）を禁じます。

多くの子どもがつまずいている箇所を網羅！

少ない練習で効果が上がる
新しい問題集の登場です！

好評
発売中！

1日10分
小学1年生のさんすう練習帳
【たし算・ひき算・とけい】

つまずきをなくす
小2 算数 計算
改訂版
【たし算・ひき算・かけ算・文章題】

つまずきをなくす
小3 算数 計算
改訂版
【整数・小数・分数・単位】

つまずきをなくす
小4 算数 計算
改訂版
【わり算・小数・分数】

つまずきをなくす
小5 算数 計算
改訂版
【小数・分数・割合】

つまずきをなくす
小6 算数 計算
改訂版
【分数・比・比例と反比例】

実務教育出版の本

多くの子どもがつまずいている箇所を網羅！

カリスマ講師が完全執筆
書きこみながらマスターできる！

好評
発売中！

つまずきをなくす
小1 算数 文章題
【個数や順番・たす・ひく・長さ・じこく】

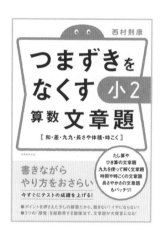

つまずきをなくす
小2 算数 文章題
【和・差・九九・長さや体積・時こく】

つまずきをなくす
小3 算数 文章題
改訂版
【テープ図と線分図・□を使った式・棒グラフ】

つまずきをなくす
小4 算数 文章題
改訂版
【わり算・線分図・小数や分数・計算のきまり】

つまずきをなくす
小5 算数 文章題
改訂版
【単位量と百分率・規則性・和と差の利用】

つまずきをなくす
小6 算数 文章題
改訂版
【割合・速さ・資料の整理】

実務教育出版の本

多くの子どもがつまずいている箇所を網羅！

カリスマ講師が完全執筆
書きこみながら図形をマスター！

続々重版中！

つまずきをなくす
小1・2・3
算数　平面図形
【身近な図形・三角形・四角形・円】

つまずきをなくす
小4・5・6
算数　平面図形
【角度・面積・作図・単位】

つまずきをなくす
小4・5・6
算数　立体図形
【立方体・直方体・角柱・円柱】

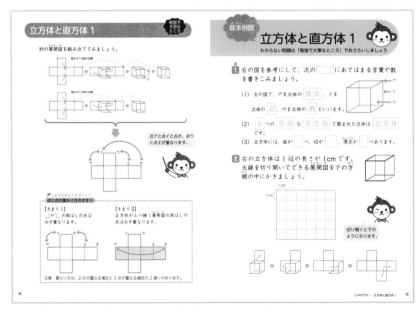

大きいサイズで書きこみやすい！（『つまずきをなくす小4・5・6算数立体図形』より）

実務教育出版の本